成为自己的人生教练

陈爱芬　程云鹏　著

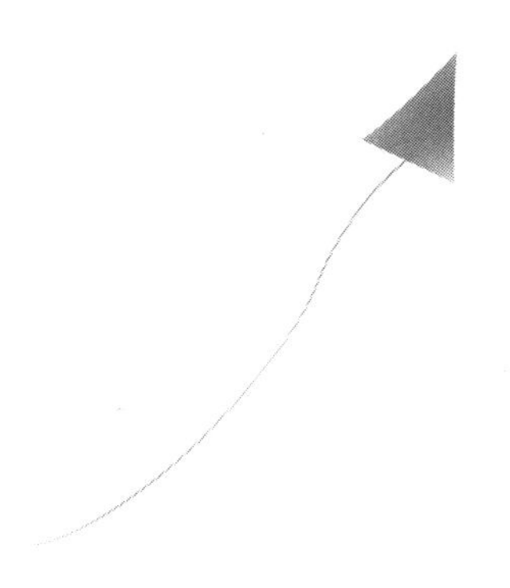

Becoming

Your Own Life Coach

当人生的挑战向你袭来，当你在迷茫和焦虑中挣扎，你会怎样找到突破的力量？本书为你揭示了答案。它将教你如何运用教练的方式，跨越内在的障碍，找到信心和动力，从而获取力量并实现目标。本书的每一章都是一场内心的对话，引导你在一条可预见的路径上前行：澄清目标、描绘愿景、挖掘资源、创造觉察、采取行动。本书内容结合了真实故事和教练的策略，将帮助你看清并突破困扰你的难点。你可以将自己置入场景，体验共鸣，同时学习并运用书中的教练方式，从而成为自己的人生教练。每章结尾还有精心设计的有关自我教练的提问，供你自我实践与思考。

教练，远不仅是一种高效的沟通方法，更是一种能支持我们获得更幸福人生的思维、情感、行为模式。当你用自我教练的方式推动自己前行时，你会发现自己变得更加高效，身心更为和谐。记住，我们的成长是没有极限的，希望本书能助你挥洒人生的可能，实现属于你的幸福成功之路。

图书在版编目（CIP）数据

成为自己的人生教练 / 陈爱芬，程云鹏著. —北京：机械工业出版社，2023.9
ISBN 978-7-111-73741-4

Ⅰ. ①成… Ⅱ. ①陈… ②程… Ⅲ. ①成功心理–通俗读物 Ⅳ. ①B848.4-49

中国国家版本馆CIP数据核字（2023）第161494号

机械工业出版社（北京市百万庄大街22号 邮政编码100037）
策划编辑：坚喜斌　　责任编辑：坚喜斌　陈　洁
责任校对：肖　琳　王　延　　责任印制：单爱军
北京联兴盛业印刷股份有限公司印刷
2023年10月第1版第1次印刷
170mm × 240mm · 17.5印张 · 1插页 · 223千字
标准书号：ISBN 978-7-111-73741-4
定价：75.00元

电话服务
客服电话：010-88361066
010-88379833
010-68326294

网络服务
机　工　官　网：www. cmpbook. com
机　工　官　博：weibo. com/cmp1952
金　　书　　网：www. golden-book. com
机工教育服务网：www. cmpedu. com

献给我们的家人！

本书所获赞誉

爱芬和云鹏既是专业的教练，又是培养教练的培训师。她们在生活和工作中随时践行教练精神，拥有教练型人格。很开心她们的第二本书出版了！

不管我们想要过怎样的生活、做什么事情，都希望活出生命的意义。然而，有时我们不知道自己想要什么，有时害怕失败，有时有不同的声音就不敢前行。

我们向外找寻答案，却发现越想找棵大树依靠，越迷茫、无力。我们要成为自己的英雄，要越过这些沟沟坎坎，答案不在外面，就在我们的心中，只是我们不自知。教练可以支持我们获得内在无穷的力量。成为自己的教练，我们可以连接内在智慧、本自具足的资源，激发自己的力量，成为自己的英雄。

本书通过生活与工作中的真实例子，分享教练对话的工具方法，让更多人感受到教练文化中的积极正向、美好和谐、爱与接纳。

项兰苹

见智达·做到创始人

总裁教练、私董教练、组织进化顾问

我想说能和这本书结缘的人，都是有福气的人，祝福大家！

我是一名在职高管，也是一名资深的斜杠教练，更是一名自我教练的受益者。生活和工作中有 80% 的问题都可以用自我教练的方法来高效梳理，得出让自己豁然开朗的答案。长期使用自我教练方法，可以让我们找到内在成长的力量之源，拥有更加成熟、智慧的心智模式，有能力开启内在创造、外在显化的成长模式。

爱芬老师和云鹏老师都是资深的专业教练，她俩的组合最吸引我的是她们一个人偏理性，一个人偏感性，由她们一起体验、选择和磨砺出的自我教练的流程和方法更适用于广大的读者朋友，经得住现实生活的考验。

对于没有时间学习，也不想花很高费用请教练，又很想高效快速自我成长的朋友，这是一本值得拥有的好书！祝福大家都在自我教练的体验中遇见那个更好的自己。

徐佳庆
拜耳医药保健有限公司
全球研发中心中国区临床研究运营负责人
ICF PCC- 国际教练联盟专业教练

每个人生命中都会遇到各种问题，有些人被卡住了，有些人会主动寻求帮助，所以“教练”这个角色越来越火。

但毕竟一个专业的教练要掌握非常多的知识和引导技巧，普通人如何能在日常受益于教练的方法呢?

当我看到本书的书稿后，异常兴奋！我恨不得第一时间把它推荐给我所有的朋友。

书中从“人格独立”到“突破自我”，从“穿越恐惧”到“自我成长”，用最专业的方法结合最实用的工具，帮助每个普通人修炼成自己的人生教练，助力自己不断成长！

希望大家都能读一读爱芬和云鹏老师的这本书，你一定会因此收获一个幸福的人生！

霍英杰

杰伴成长创始人

爱芬和云鹏既是我多年的亲密朋友，也是教练领域的伙伴，她们的专业投入和不懈追求令人敬佩。她们的持续精进与用心写作，造就了各具特色的风格，构成了本书的丰富内容。书中生动的故事配合深入的解读与实用的方法，旨在帮助每个人成为自己人生的导师，激发生命的无尽潜能。

作为一名在教练领域耕耘超过 15 年的人，我深知教练的重要性。教练不仅是这个时代每个人的必修课，更是一种能唤醒我们内在觉知与智慧的方式，让我们重拾自身的力量，成为生命的主导者。本书就是这样一部教你如何取回生命主导权，绽放无限潜能的手册。

项兰雯

ICF 专业级认证教练（PCC）及教练导师（Mentor Coach）

见智达·做到联合创始人

一直以来，我们可能都误解了教练的概念，认为只有少数专业人士才能做到。然而，本书以最直观生动的方式向我们展示了每个人都有可能成为生活的教练。

本书用最贴近生活的方式引导你，教会你如何成为自己生命的智慧向导。不仅如此，你也能运用所学，为你的孩子或家人提供有力的反馈和引导。

当你拿起本书，开始实践和观察时，你就会发现，无论是情绪波动还是生活混乱，你都能够成为那面能够清晰反映自己心境的镜子。教练就是以中立的态度，作为他人的镜像，映射出我们的思维模式和局限，同时也揭示我们生命的潜能。

因此，我们在更深度地了解自己的同时，也会更好地挖掘潜能，提升接纳和理解的能力，在真实的人际关系中成为彼此生命中的光辉。

张敏敏

KRI 坤达利尼瑜伽一级培训准首席培训师

Yoga for Youth® 认证青少年瑜伽教师

推荐序

2014年的冬天，北京通惠河畔。

在焦点解决高效教练（SFBC）工作坊，于近百名学员中我一眼就看到了云鹏。她坐在后排，美丽而飒爽，极简而优雅，更重要的是她积极参与课程，全然投入的状态让她如此与众不同。我悄悄地跟导师团说一定把她吸收到燃料队来，后来云鹏真的来到燃料队，成为北京焦点解决核心导师团成员。逻辑清晰、充满活力、追求细节的同时兼顾课程架构的科学合理是她的授课风格。云鹏成为我特别愿意合作授课的导师之一，此后我们一起在全国合作了几十场工作坊。

美丽而温暖的爱芬是云鹏的好朋友，经常听云鹏提起。后来，我邀请爱芬和云鹏一起来燃料队讲情商教练课。爱芬感性热情、充满活力、温润如玉，我颇有一种一见如故之感。她们俩过去都在企业培训中心任职，都是国家二级心理咨询师、国际认证专业教练、拥有十几年授课经验的专业培训师，也是我见过的非常勤奋好学且愿意不断向内探索的人。云鹏与爱芬合作的第一本书是《教练式沟通：简单、高效、可复制的赋能方法》，深受焦点解决高效教练工作坊学员们的喜爱，好多人都会精读这本书。云鹏与爱芬相约一起写一辈子的书。她们是闺蜜，而外在看起来又风格迥异，在一起写书，完美互补，也为读者提供全视角的学习与阅读体验。

我在焦点解决短程心理治疗（SFBT）领域研究、咨询与督导、教学培训20年了。当SFBC风靡全球之际，焦点解决高效教练也应运而生。纵观其历史，教练学和焦点解决短程心理治疗在哲学基础上、语言的运用上有很多相似之处。它们共同的来源之一就是埃里克森催眠技术，但二者在实际应用中又有不同，不同流派的教练也有不同的侧重点。实际上焦点解决现在已经在很多领域得到应用，包括教练领域。加拿大多伦多大学海森·沐恩（Haesun Moon）所在的机构叫作“焦点解决高效教练中心”，《高效教练》的作者彼得·邵博（Peter Szabó）和丹尼尔·迈耶（Daniel Meier）就是焦点解决取向的教练，他们也是ICF的MCC（Master Certified Coach，大师级教练），成为MCC也是云鹏和爱芬的下一步目标。如同欧文·亚隆（Irvin Yalom）所说，心理咨询是与人们“在生命最深处相遇”，教练亦如此。

《成为自己的人生教练》是云鹏和爱芬的第二本书，书中的故事有些是云鹏和爱芬两个人的真实故事，熟悉她们的人必然会心一笑，因为太真实了，这也是我个人最喜欢的部分，真实最有力量。书中还有她们的教练客户的故事，故事主角处于不同年龄和人生阶段，他们迷茫、纠结、焦虑，但却都有自己的目标，敢于直面内心的脆弱并勇于突破，开启自己的英雄之旅。本书将帮助你快速成为一名优秀的自我教练，你不仅会读到教练约谈真实案例，学习教练对话的完整流程，学会运用教练工具以及相应的提问，而且能够激发你深度思考，在发展自我教练能力的同时支持你成为一名优秀的自我教练。掩卷忽而一笑，是精读此书最开心的一刻。

我想这是值得推荐的学习自我教练的必读书目之一，你可能会因结缘此书而成为她们的忠实粉丝，也期待云鹏和爱芬持续创作，有更多的心得与我们分享。

赵然　博士

中央财经大学　教授

企业与社会心理应用研究所　所长

中国心理学会　注册系统督导师

中国心理卫生协会　首批认证督导师

自序

找到内心的力量源泉

关于爱芬和云鹏

这是我们合著的第二本书。

我们从 2012 年成为同事后，不知不觉在一起共事十年了。这期间我们一起学习、复盘、整合，一起开发精品课程，共同写了《教练式沟通：简单、高效、可复制的赋能方法》一书，获得了大家的一致好评。

我们还是彼此的教练，陪伴彼此走过生命中重要的时刻，云鹏见证了爱芬这几年换房子、成为创业者、经历中年危机、帮孩子度过青春期，在关系中的起起伏伏，每一次都是云鹏用教练的方式支持爱芬。爱芬也陪伴云鹏走过人生中的一些至暗时刻，父母离开、职场转型等。而这一切的背后又都离不开两个人的成长心态，从经历中学习，而这也恰是作为教练最需要的状态。

我们运用书中提到的教练的思维和方法来突破自己的难题，帮助自己成长和蜕变，在这个过程中，我们获得了力量、勇气和幸福。所以，我们也想把这些成长故事和方法分享给更多的女性，分享给那些想要成长，但不知道如何突破的女性。

爱芬是一位感性、情感细腻的女性，而云鹏是一位理性、逻辑清晰的女性，我们性格完全不同，却又能彼此信任和欣赏对方的不同，每当爱芬陷入情绪化的时候，云鹏的理性就能很好地支持爱芬抽离出来；每当云鹏在职场关系中读不懂对方语言背后的潜台词的时候，爱芬的几句话就能让云鹏恍然大悟。

我们永远也成不了对方，却又能运用彼此的优势，成就自己也成就对方。所以互补的两人合力，给大家呈现了这本既感性又理性，既内容丰富又逻辑清晰的作品。我们常说，没有完美的个人，但可以有完美的团队，性格差异极大的我们就是一个完美的团队组合。

书中不单单有贴近你我生活和工作中的真实故事场景，还有遇到类似问题，可供参考甚至可以直接使用的解决方法。

在本书中，我们呈现不完美的自己，但我们愿意接纳那个不完美的自己。我们也希望通过本书，使你也能接纳不完美的自己，也能学会欣赏自己，并且能运用书中的方法在工作和生活中不断突破自我，找到内心力量的源泉，获得生命的幸福。

为什么写这本书

如今的社会变化如此之快，每个人都时时面临人生课题：毕业即失业的、被离职的、创业的、转型的、生病的、移民的、孩子辍学的、失恋的、离婚的、中年危机的……

我们常常在两难之下做选择，要平衡工作和原生家庭、配偶、孩子之间的关系。我们都很努力，同时也承受着巨大的压力。

到底该如何应对生活中无处不在的压力，让我们生活得轻松一些？

好学的人一定会去读书寻找答案。

然而讲道理的书很多，从情商、职场生存技能、国学，甚至厚黑学的角度，都在告诉你应该怎么办。这些书仿佛在说“你有病，我有药”，你照方抓药，包好。

问题是，有多少人，道理懂了一大堆，仍然过不好这一生？

原因是：对别人有用的道理，不一定适合你。只有在具体场景去实践，你才能知道哪些有效，哪些无效，哪些自己能做到，哪些做不到。纸上得来终觉浅，绝知此事要躬行。

王阳明讲“事上修炼”，实践中你需要带着觉察做出选择，不被本能牵着走；你还要跳出画面看画，看到全局；无论成功还是失败，要进行复盘反思，从自己的经验中学习。

每个人都需要良师益友支持其成长。对你最重要的良师益友是你自己，你要做自己的人生教练。

我们将个人成长的修炼归纳为四个维度八个方面，包括：

行为 / 习惯——独立、自律

情感 / 关系——勇气、坚韧

思维 / 心智——智慧、成长

社会 / 意义——同理、连接

独立意味着自我负责，经济独立，让自己更自由。

自律意味着能够通过设定目标，不懈努力，实现自己想要的人生。

勇气意味着坚守内心的核心价值观，不被外界压力裹挟，不苟且，不将就。

坚韧意味着具备足够的心理复原力、反脆弱的能力，具有顽强的生命力。

智慧意味着独立思考，不断学习，理解事物的规律。

成长意味着具备成长思维，把挫折当作礼物，从经验中学习。

同理意味着理解他人，适度回应他人，促进同他人的关系。

连接意味着发挥影响力，让自己的生活均衡发展，拥有圆满的人生。

我们知道很多道理但不一定能做到，而自我教练提供了一条路径，让我们能够走向我们的目标。

本书是我们的上一本书《教练式沟通：简单、高效、可复制的赋能方法》的姊妹篇，《教练式沟通》介绍了教练的五大原则，积极倾听、有力提问和赋能反馈等，以及教练对话的GREAT流程和平衡轮等工具。在本书中，我们将个人成长和教练方法论结合起来，当你遇到人生中的挑战时，就可以运用教练的方式帮助自己。

每一章，都是一场教练对话，而其中的路径有规律可循：澄清目标、描绘愿景、挖掘资源、创造觉察、产生行动。

书中的八章内容以很多人的真实故事为基础，并结合了教练的方法，可以帮助你看到并突破卡点（为了保密，我们隐去了当事人真实的姓名和细节）。你可以代入其中的场景跟随提问来回答，你也可以学习其中的教练提问方式来成为自己的教练。每一章的最后，我们特别准备了9个自我教练的提问，供你自我演练。

教练不单单是高效沟通的方法，也是支持我们人生更幸福的思维和行为模式。当你用自我教练支持自己前行时，你会做事更加高效、生活更加幸福。希望这本书能帮助你成为自己的人生教练，活出幸福成功的人生。

注：由于我们合作写作此书的过程中，皆以对方为研究对象，故此，在书中以“爱芬”“云鹏”“她”“我们”“她们”的称呼写作本书。

欢迎关注我们的公众号：“爱芬唤醒情商”和“云鹏教练”。

爱芬唤醒情商

云鹏教练

引言

是什么阻碍了你

请思考一个问题：你觉得每个人在工作和生活中会释放多少潜能（比如以 1%~100% 考量）？

我多次问身边的人这个问题，大家的回答大多在 20%~60% 之间。

我又问：你根据什么给出这个数据？

有的人说，人们应该能做得更好，实际却并非如此；有的人说，人们在某些事上表现得特别好，但在其他事情上就会对付；还有的人说，人们上班时摸鱼。

其实无论在工作中还是在生活中，我们往往觉得自己和他人还可以做得更好。

那么，你觉得是什么阻碍了人们发挥出潜能？

有人认为，潜能的发挥受一些外部条件的限制，比如领导给的时间太短、资源不够、事情太难、公司缺乏激励机制、家里琐事太多。也有人认为，潜能的发挥受主观的内在障碍的影响，比如缺乏自信心、求胜心强、过度在意他人的评价、缺少动力。

禅宗故事的启示

佛教的禅宗有个故事：有个和尚每次入定都遇到一只大蜘蛛来骚扰他，他向师父求教："我每一次入定，那只大蜘蛛都会出现，无论我怎么赶它，它都不走。师父，我该怎么办呢？"

师父说："如果这样，那么你下次入定的时候拿一支笔，如果那只蜘蛛再出来，你就在它的肚皮上画一个圆圈做记号，看看它是何方神圣。"

和尚听后就照办了。当他在蜘蛛的肚皮上画了圆圈以后，蜘蛛就走了，他也安然入定了，等他出定后，他发现那个圆圈竟然在自己的肚皮上。

人会遇到很多的困扰和烦恼，其中最大的困扰往往来自自己。

《高绩效教练》的作者约翰·惠特默（John Whitmore）说：“我只能控制我意识到的东西，而我意识不到的东西控制着我。”

提摩西·加尔韦（Timothy Gallwey）是哈佛大学的教育学家和网球教练，他把自己的教练经验写在了《身心合一的奇迹力量》（*The Inner Game of Tennis*）中。他在训练球员的过程中发现，阻碍网球选手表现优异的因素，不是强大的对手，而是他们的内心状态。求胜心切、怕失败、怕丢脸，都让球员无法发挥自己真正的水平。

所以他提出了一个公式：绩效＝潜能－干扰（Performance=Potential-Interference），也就是说，开发潜能和减少干扰可让人们获得高绩效。

无论在职场中还是在生活中，外部的障碍确实存在，因此你会在不同的环境下展现出不同的能力。但是，我们也观察到，在同样的环境下，有的人表现完美，而有的人表现欠佳。其实，每个人身上都藏着一些内在的障碍，比如恐惧失败、自我怀疑、缺乏自信、不敢冒险、不愿意走出舒适区。

一旦去除这些障碍，你的潜能就能发挥出来。教练就是帮助人们去除障碍并发挥潜能的人。

什么是教练

2018 年，微软公司创始人比尔·盖茨（Bill Gates）在 TED 大会上发表了 10 分钟的演讲，系统地阐述了他对于教育革命的理解。比尔·盖茨说：“每个人都需要一个教练……因为我们都需要给我们反馈信息的人，这是我们不断自我发展的方式。”

说到教练，我们马上想到的是体育教练，确实，每个奥运冠军的背后都有一个很厉害的教练。

20世纪70年代，商业领域发现体育教练的方法对于提高企业员工的绩效一样有效。对于VUCA[㊀]时代和BANI[㊁]时代，传统的指导和权威的领导风格均不再适用，人们的内驱力和参与感需要被更多地激发。

不仅体育运动员需要教练，商业领袖、教师也都需要教练。总而言之，任何人都需要教练。

那么什么是教练？

约翰·惠特默对教练给出了这样的定义：**教练会使人们释放出他们的潜能来取得最大的成就，帮助他们学习和成长，而不是教他们如何去做。**

国际教练联合会给出的定义是："教练是客户的长期伙伴，通过创造性地引发客户深度思考的对话过程，激励客户最大化地提升自我认知与发掘职业潜能。"

见智达·做到对教练的定义是：以成果为导向，用提问的方式驱动人们自主思考解决方案，从而实现目标并获得成果。

教练是一种职业，很多既有企业背景，也有心理学背景的从业人员率先成为教练。大部分《财富》世界500强企业都为高层管理者聘请教练，现在教练过程已经被看作一种宝贵的特殊优待。

为什么你需要教练和自我教练

鸡蛋从外打开是食物，从内打开是生命。一切有意义而持久的改变都是由内而外的。

我们平常做事情的方式，大多来自过去形成的行为模式，就好像自动驾驶。模式构成性格，性格决定命运。

㊀ VUCA是易变性（Volatility）、不确定性（Uncer tainty）、复杂性（Complexity）、模糊性（Ambiguity）的英文单词首字母组合。它来源于军事术语，现在被用来描述已成为"新常态"的、混乱的和快速变化的商业环境。

㊁ BANI是脆弱性（Brittleness）、焦虑感（Anxiety）、非线性（Non-Linear）、不可理解（Incomprehensibility）的英文单词首字母组合。它被用来描述当今世界复杂的变化。

前述的禅宗故事让我们看到，模式在潜意识里干扰你的修行，但是当你去观察那个模式并拿笔去画时，该模式就会进入你的意识。

教练会引发被教练者的思维改变， 帮助被教练者的大脑建立新的网络连接，产生新的思维模式。

教练式对话的关注点在于引起被教练者的觉察，通过有力的提问，让被教练者自己寻找解决方案。所以，你可以请一个教练支持你，但实际上每时每刻和你在一起的还是你自己，如果你学会了教练思维，随时都可以成为自己的人生教练。这就好像你有个分身，他观察你做事，与你进行教练式对话，引你深思。

当你说“我想去山谷看看”，教练（分身）会问：“好啊， 你为什么想去山谷呢？你觉得山谷是什么样子的？从这里去山谷有几条路呢？你想走哪条路？路上你会遇到什么？”

你在与自己的对话中拓展了意识空间，看到了平时自己注意不到的思维模式，也会积极主动地思考，承担责任，明确自己的目标，提升能量，从而产生信心和行动。教练式对话很高效，而且其效果在对话之外仍然发挥作用。

一位面临中年危机的朋友在被公司裁员后陷入低迷，通过学习教练式方法，看到了自己的资源和潜能，重返职场，并且更积极地投入新的工作；一位朋友升职之后压力巨大，便聘请教练帮助自己跨过艰难时刻，之后她自学该方法，运用教练式提问与自己内心对话，不断支持自己跨越障碍，实现目标；还有一位朋友出现情感危机，离异后独自带着女儿生活，因为她自己就是一位教练，所以她每天都运用教练的方式和自己对话，让自己从情感的漩涡中走出来，现在成为平和且坚强的单亲妈妈，找到了生命新的可能性。

约翰·惠特默将我们的潜能比作 “橡树的种子”，每一颗橡树种子都蕴藏着成长为参天大树的潜质。愿我们都能长成参天大树，活出精彩。

目　录

第1篇　独立自律，成为完整的自己

第3篇 拓展思维，成长是不变的主题

第4篇　深度连接，让影响力持续

第1篇

独立自律，成为完整的自己

我真心希望你能打开自己的“改变之门”……对自己要有耐心，因为自我成长是神圣的，同时也是脆弱的，是人生中最大规模的投资。虽然这需要长时间下功夫，但是必定会有鼓舞人心的直接收益。

——史蒂芬·柯维（Stephen Covey）

成为自己的人生教练

第 1 章

独立：内在稳定的秘密

当我真正开始爱自己，

我才认识到，所有的痛苦和情感的折磨，

都只是提醒我：活着，不要违背自己的本心。

今天我明白了，这叫作“真实”。

——查理·卓别林（Charlie Chaplin）

1.1 自我负责

1.1.1 我感觉没有依靠

史蒂芬·柯维在《高效能人士的七个习惯》中提到，我们一生的历程是从依赖走向独立，再从独立走向互赖的。在这个过程中，我们会面临许多挑战，但这是我们必须经历的旅程。

小凤的先生辞职后便一直找不到工作。尽管年纪尚轻，他却在家开始过起了老年人的生活：购物、烹饪、接送孩子和玩游戏，而且拒绝与小凤沟通关于工作的事情。

作为一个有上进心的女性，小凤无法理解先生在年纪轻轻时便放弃了努力和拼搏。然而，她也无法改变这一切，只能适应。在经历了争吵、闹脾气和哭泣，甚至考虑离婚后，小凤渐渐学会了妥协和自我治愈。她发现，面对问题，除了改变自己是最省力的方法，其他尝试都是既浪费时间又无效的。因此，小凤找到了她的长期教练。

在最近的一次教练课程中，我们取得了重要突破。当小凤谈论她在下半年期待的家庭状态时，她提到家庭对她的重要性，希望一家人团聚在一起，否则即便取得成功，她也无法感受到幸福。我注意到她说这些话时带有一丝悲伤，于是问道："当你谈到一家人在一起时，你的声音变得低沉，你的内心发生了什么变化？"经过一段沉默，小凤流下了眼泪，我们都没有说话，仿佛担心一个声音会将眼泪吓跑。

小凤说："我多么渴望看到一家人团聚的画面，但我感到很无奈。我想改变这一切，但无法做到，我只能接受。"我知道小凤仍然在为先生失业的问题烦恼。我问她："当你想到这一切，如果用一个身体动作来表达你内心的感受，会是什么样子？"小凤站起来，垂下头和双肩，面无表情，嘴角向下，就像没有骨架支撑着一般。她说："我感觉没有依靠。"我邀请小凤尝试做一个相反的动作，想知道那会是什么样的身体状态。小凤抬头挺胸地站立着，双肩打开，眼神向上看，说道："感觉充满力量！"

在教练结束时，小凤表示希望能够身心合一地接受先生目前的状态，因为相比分离，她更希望家人在一起。如何确保这一点呢？我轻轻地向小凤追问。小凤回答说，要时刻察觉自己处于哪种状态，是需要依靠的状态还是充满力量的状态。随后，我们结束了对话。

几天后的一个中午，我接到了小凤的电话。她说她在午睡醒来后突然意识到为什么会有那么强烈的无力感和缺乏依靠感。她回忆起小时候的一个场景：在她眼中，父亲一直是高大有力、像山一样可依靠的。然而，每当父亲生意失败，就会喝酒，喝醉后像个孩子一样痛哭流涕。那时，小凤感觉世界失去了依靠，仿佛心中的山倒塌了。由于小凤太爱父亲，她选择忘记他有这样的一面，只记住他高大威猛的形象。然而，这些感受却深深地印在了她的身体记忆中。

那么，小凤关于父亲的这段记忆与她先生之间又有什么关联呢？在过去，她的先生在她心中也是高大威猛、值得依靠的。然而，在这段时间，他对工作的逃避勾起了小凤小时候的记忆，让她再次感受到强烈的缺乏依靠感。

那么，小凤回忆起这段往事对她意味着什么呢？又如何支持现在的她呢？我问小凤是否需要进行一次教练式对话，她同意了。

在教练过程中，我带领小凤体验了一次时空穿越。我邀请她回到记忆中的场景，看到痛哭流涕的父亲和自己感到失去依靠的身影。现在的小凤对小时候的小凤说："对不起，我今天才感受到你的无力和害怕；请原谅，我一直都忽略你的感受，因为过去的我没有力量来处理这样的感受；谢谢你，一直在这里提醒我，告诉我发生的这一切；我爱你！"说完，我邀请现在的小凤去拥抱小时候的小凤。然后我邀请小凤回到现在，感受一下此刻的感受。小凤说她感到平静。

接下来，我邀请小凤重新审视自己和先生的关系，以及如何看待他目前不工作的状况。小凤说："我觉得这其实只是暂时的，先生并非这样的人，他不会一直不工作。他只是选择在这段时间休息一下，好好调整自己。也许他还没想好未来的打算，他一直都非常有责任感。我要选择的就是相信他并接受他。"

我原本想挑战一下小凤："如果你先生一直不工作，你会如何选择呢？"但最终没有问出这个问题。

原生家庭对一个人的影响是潜移默化的。很多人在寻找伴侣时，都会无意识地被像父亲或母亲一样的人吸引，并把对父母的期待投射到伴侣身上。小时候，我们依靠父母生活，但随着成长，我们变得独立，需要为自己的人生负责。当我们成家立业、有了自己的孩子时，我们还需要承担家庭重任。

如果我们希望伴侣能像父母一样被依靠，这种“托付心态”就好像把自己交给伴侣说：“我的人生快乐由你负责。”对伴侣来说，这会让他/她感到不堪重负。我们的父母不是全能完美的，他们也会有脆弱的时候，伴侣亦然。

因此，放下“托付心态”，真正为自己负责，我们便能放下对伴侣的过高期待。父母、伴侣和孩子都是我们生命中的陪伴者。每个人最终都是孤独的。也许从依赖到独立，再从独立到互相依赖的过程中，我们所经历的一切都是生命的礼物。

生命就是一场体验，而这场体验之所以如此真实，让我们投入，就是因为它包含了各种情绪，让我们哭泣，让我们欢笑，让我们无奈，让我们勇敢。正因如此，我们才会如此热爱我们的生活。来吧，一起勇敢地体验生命带给我们的万般滋味！

1.1.2　谁来爱已经成年的我们

人到中年，上有老下有小，我们要关爱孩子，关爱老人，但谁来关爱我们呢？谁来照顾我们的悲伤和痛苦呢？

首先，我们要学会照顾自己。只有照顾好自己，我们才能关爱孩子和老人，否则给出去的爱不过是空中楼阁。

小艾前一段时间回到内蒙古老家，已经成年的她，重游高中校园，回忆起读高中时那个敏感的自己：孤独、自卑、努力勤奋却依然不够优秀的女孩；那个无数次在周末不知道该去何处，总觉得爸爸妈妈似乎忘记了她的存在的女孩。她仿佛看见在空荡荡的校园闲逛，不知去向的自己。那种孤独、被忽略的感受伴随着她的整个青春期。

当以成人的视角回顾过去，她便不会指责父母那时没有照顾好自己。实际上，父母在当时已经尽了他们所能。小艾还有两个哥哥，尽管父母很疼爱她，但难免会时常忽略她。

过去未处理的情绪记忆是我们内在的小孩。我们可以用现在已经成年的自己去关爱过去的自己，去疗愈过去的内在小孩。

小艾回望高中时的自己，告诉她："我现在过得很好，很安全，有自己的家，有喜欢的事业。也许你无法相信，我还出版了两本书，成为作家，但这一切都是真的。现在，我回来了。"看着她惊讶的样子，小艾知道她相信了。小艾拥抱她，完成了这个阶段的疗愈。小艾感谢一直在成长的自己，感谢一直愿意向内看的自己，感谢不断拓展思维的自己。她相信，自己一定会更幸福！

在电影《时时刻刻》中，男孩理查德敏感而脆弱。他能感知到母亲的感受，所以当母亲那天准备自杀的时候，他完全知道。当母亲把他送到邻居家，他撕心裂肺地哭泣着追妈妈的车，然后被迫回到邻居家，我在想那个等待妈妈归来的男孩那一天是怎样的感受。那种撕心裂肺的感受也许成了他人生的背景，敏感而孤独。最后，理查德成了诗人。电影中，他跳楼自杀了；自杀时，他想到的画面就是那个趴在玻璃窗上等待妈妈回来的小男孩。

如今的社会，大多数人的温饱问题已经解决了。当不再需要为温饱问题而努力的时候，人们似乎才注意到每个人内心的需求。童年缺爱的孩子就像心里有一个洞，需要爱来填补。这些孩子虽然年龄增长了，但内心并未获得成长。许多成年人都处在缺爱的状态，表现的就如同缺爱的孩子，希望妈妈能给他一些爱。一旦发现年迈的父母没有做到，就抱怨指责。无意识的人们用赌博、酗酒、出轨等不良行为来弥补内心的黑洞；有意识的人们开始学习成长、自我疗愈。

当我们成年时，谁能给我们爱呢？除了自己，别无他人。如果你意识到自己总是向年迈的父母祈求爱，或者将对父母的期待投射到伴侣身上，那么你需要的是自我关怀。以成年人的态度，去成为内心那个渴望爱的小孩的父母，在想象中拥抱这个孩子，给内在敏感脆弱的自己以足够的爱。

那么，什么是自我关怀？**自我关怀是停止评判自己，并以开放的心态接纳自己，友善、关切和体恤地对待自己。**积极心理学家克里斯廷·内夫（Kristin Neff）在她的著作《自我关怀的力量》（*Self Compassion*）中，阐述了她在自我关怀方面的研究成果。

自我关怀包括三个方面：善待自己，认识到共通人性，以及静观当下。善待自己就是停止对自己的不断评判，理解自己的瑕疵和失败，积极主动地安慰自己。认识到共通人性，是指我们要理解人性是共通的，每个人都会有痛苦遭遇。所以，关怀不等于自我接纳和自我怜悯。你可以将对自己的概括性描述转变为与具体情境相关的行为。例如，将“我很懒惰”改为“当我忙碌时，我懒得做家务”。静观当下，即对此时此刻发生的事情保持清醒而非评判性的接纳，类似于一种正念状态。

要想实现自我关怀，你可以尝试以下方法。

1. 拥抱自己

身体的接触会触发大脑分泌催产素，让我们感受到爱。给自己一个温暖、关切的拥抱，轻抚自己的双臂，以友善的方式对自己说话，安慰自己。

2. 改变批评式的自我对话

觉察到你心中批评自己的小声音，将批评的话语换成亲切、友好的方式。例如：“亲爱的，我知道……（你不希望自己做的事），这是因为你现在很伤心，你以为（现在的行动）……会让你振作，不过似乎没有效果，我想让你快乐起来，你可以去……（一个建设性的行动）。”

给自己一些自我关怀的“咒语”，让你能够脱口而出，例如：

“我正在经历一段痛苦的时期。”

“有时候，每个人都会有这种感受。”

“对自己好一点，理解我自己。”

“我值得获得自己的关怀。”

3. 闭目静坐，简单地留意脑中的思维、情感和身体感觉。觉察到但不抓住，让其像云一样飘走

很多时候，人的痛苦在于不能接纳痛苦，而折磨 = 痛苦 × 对抗。当你学会留意到自己的焦虑，但不试图做什么去缓解它时，痛苦会自然减轻。

4. 写自我关怀日记

写日记是提升自我觉察的好方法，你可以把感觉糟糕的事情写下来，写下你的感受，承认自己的不完美，承认自己具有人们都会有的反应，对自己写一些友善的、劝慰的话。

5. 使用关怀意象

你可以想象一个让心灵感到安全的小岛、想象一个关怀和慈悲的形象，尽可能生动地想象这些意象，让自己可以随时调用它来安慰自己。

自我关怀能够提升人的心理弹性，接纳自己把事情搞砸，接纳自己的脆弱和不完美，激发人的内在动机、成长心态。自我关怀也能让人做到自我欣赏，让生命旅程更加不同。

接下来，我们要学会付出和给予。只有先付出和给予，才能得到更多。用自己擅长的方式给予，给予别人礼物、给予别人赞美，给予别人聆听，给予别人需要的建议，给予别人陪伴，你所给予的将加倍回流到自己身上。

最后，我们要学会不带期待地付出和给予。一旦带着期待给予和付出，你的给予就变味了，就像一个眼巴巴等着别人给糖吃的孩子，给了就高兴，不给就委屈。情绪就会忽好忽坏。学会不带期待地付出，你所付出的只是因为你想要付出，而不是为了别人回报而付出，别人是否如你所愿地回应你并不重要。别人回应了，你固然会开心，别人不回应，你觉得也正常，因为你是为了自己而给予的。

每个人的内心都住着一个未长大的孩子，你要记得去拥抱和爱这个需要爱的孩子，然后再去爱别人。

1.1.3 当被别人指责时，你总是这样认为的——“都是我的错！”

1. 被指责的小芳

小芳完成了一个项目，结果被别人指责和提意见，当天回到家，她觉得整个人都被掏空了一般。小芳回想了一下整个事件，似乎没什么太大的事情发生，但自己为什么会反应如此之大呢？当晚是她与教练约好的辅导时间，于是小芳决定探讨一下这件事。

小芳向教练描述了当天发生的事情。

“想到这件事，你的感受是什么？身体有什么样的反应？”教练邀请她去感受内在。

小芳感受到胃部好像有一个被堵住的、被网兜住的沉重物体。

“想象负责思考的小芳抽离出来，但负责感受的小芳还坐在原处，负责思考的小芳和负责感受的小芳对话，看看这种感受想告诉你什么？”教练用温柔且耐心的语气继续问道。

小芳回想起自己过去类似的失败经历，她以为那些失败的经历过去了，这次这个项目虽然没有失败，但被指责的经历勾起了她过去的痛苦。于是，教练引导小芳用现在的自己和过去痛苦的自己对话。在对话的过程中，小芳说到了一个关键点，眼泪不由自主地就流了下来。小芳发现自己每次犯错时，内心总有一个严厉的声音在指责她：“都是你的错，都是因为你不够好。”

在教练的引导下，小芳学会了用新的对话模式替代旧的，对过去的自己说：“这不是你的错，你已经很有勇气了。”她看到了自己坚韧的那一面，每次跌倒后都会重新站起来。教练继续引导她关注身体的感受，小芳发现自己的手臂特别沉重，仿佛有千斤重担压在手上一般。

“感受到手臂的重担，同时关注一下，这时头脑里想起来什么？”教练紧接着问小芳。

小芳说：“感觉自己被周围的人比较和评判而导致沉重。”

当教练试图邀请小芳去放下的时候，小芳说自己做不到。

后来，教练建议小芳尝试先放下一只手上的负担。于是，小芳尝试放下了左手的重担，她意识到这些重担来自一些他人无意间给予的反馈，而她把这些反馈都与自己不够好联系在了一起。小芳通过摆脱这些负面想法，让自己的左手感到轻松了许多。然而，她的右手仍然感到十分沉重。

小芳试图找出右手沉重的原因，她发现这种沉重来自一个她认为十分要好的伙伴。这位伙伴对她非常好，好到小芳即使不想接受也觉得自己必须接受，因为她觉得对方都是为了她好。然而，这些好意并非小芳真正想要的，她接受了这些好意却无法消化，但她又不知如何把这些好意归还给对方。

这时，教练灵机一动，给了小芳一个建议。教练邀请小芳尝试把那些她不想接受的“好意”放在旁边的一个盘子里。小芳照做之后，终于成功地放下了右手的沉重负担。

这一系列疗愈过程完成后，小芳感到身体轻松了许多。

“今天这个过程你有什么收获？”教练像一个完成手术的医生，一边整理她的记录，一边问小芳。

小芳回答说她最大的收获是意识到自己总习惯于认为“都是我的错”，陷入这种模式后，会感到无力。她也发现自己无法拒绝别人的建议，原来这也是一种精神控制。当她意识到这一点时，她就能轻易地还给对方，甚至决定下次遇到这种情况时，要在想象中把对方给自己的一切都还给对方。小芳也学会了温柔而坚定地做自己。如今，她内心充满了力量和自信。

带着这个巨大的收获，小芳独自去吃了一顿火锅，庆祝自己走出受害者的戏剧状态。她意识到，要学会审视别人给予的意见，不再盲目接受。她需要在关心自己感受的同时，维护自己的界限，这样才能真正做到温柔而坚定地做自己。

这次的经历对小芳产生了深刻的影响。她开始更加关注自己的内心世界，学会如何在面对困境时给予自己支持。她逐渐发现，只有在与内心的评判声音和他人的评判中找到平衡，才能更好地成长和进步。

经过这次心灵之旅，小芳变得更加成熟和自信。她明白自己的价值，并学会珍惜自己。在未来的日子里，她将带着这份勇气和力量，迎接生活中的挑战和机遇。

总的来说，小芳的经历告诉我们，每个人都有自己的局限和挑战，关键是要学会如何面对它们。通过深入了解自己的内心世界，我们可以找到一种平衡，既不沉溺于过去的痛苦，也不过分在意他人的看法。只有这样，我们才能更好地发挥自己的潜力，勇敢地迈向未来。

2. 三种戏剧角色

当面对冲突时，人们常常进入一种类似于表演的状态。如图 1-1 所示，在卡普曼的戏剧三角理论（Karpman Drama Triangle）中，人们的戏剧状态被分为三种：受害者（Victim）、拯救者（Rescuer）和迫害者（Persecutor，因其总是摆出一副指责他人的架势，以下改为“指责者”）。

受害者的台词是：“我真的很辛苦，我不知道怎么办，我什么都做不了。”你可以想象出他是一个垂头丧气、肩膀耷拉、双手张开、表情无奈的人。拯救者的台词是：“你们都处理不了，让我来吧。”你仿佛看到一个昂首挺胸、拍着胸脯的人。指责者的台词是：“都是你 / 他们的错！

为什么你/他们就做不好！”你可以想象出他是一个瞪大眼睛、一手叉腰、一手指着他人的人。

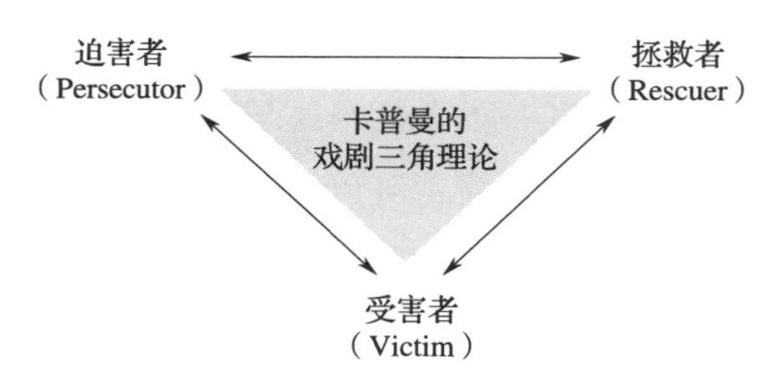

图 1-1　卡普曼的戏剧三角理论示意图

在一段关系中，当人们被情绪绑架时，他们常常陷入以上三种角色。受害者觉得自己无力，认为自己做什么都没有用，就不采取行动，也不用承担责任。这其实是一种退行行为，期待他人来解决问题。拯救者看似承担责任，实际上承担了别人应该承担的责任，增加了受害者的依赖性，但自己却无法承担这么多的责任，并为此感到筋疲力尽。指责者缺乏同情心，总是居高临下，把责任推到别人身上，既没有责任心，也没有权威。

然而，每个角色都有其优点，具体如下。

受害者的优点：敏感，能率先感知问题。

拯救者的优点：关心他人，愿意提供帮助，推动事情向前发展。

指责者的优点：能客观地看到事物的两面（尽管更多的是关注负面）。

3. 角色翻转

如果发挥这些优点，调整心态，人们可以将角色翻转进入胜利三角（Winner's Triangle），在这个过程中，**受害者变成创造者，指责者变成挑战者，拯救者变成教练**。

创造者的台词是：“我会做我能做的事，我会为我的选择负全责。”

挑战者的台词是：“我会客观梳理信息，洞察问题。”

教练的台词是：“我将支持和帮助你获得成功。”

要实现角色的翻转，关键在于以下三点。

1）看到情绪背后的正面意图："我真正在意的是什么？"

2）从聚焦"问题"转向聚焦"成果"："我想要的是什么？"

3）承担起自己的责任："为了实现想要的成果，我可以做些什么？"

人们往往倾向于扮演某一种角色，这与我们的思维模式有关。当我们觉察到自己扮演了戏剧角色时，可以有意识地进行角色翻转，与他人的关系将变得更加和谐、友好，也更有利于实现我们想要的目标。

1.2 核心稳定

1.2.1 如何不受别人负面情绪的影响

我身边有一位朋友，她总是充满正能量，积极向上，善于发现生活中的美好。起初，我觉得她有点过于完美，同时也好奇她是如何做到的？是真心实意还是故意装出来的？但随着了解得深入，看到她面对生活中的种种挑战都仍然保持这样的态度，我开始相信她的确就是这样的人。

然而，最近她开始变得特别爱抱怨，尤其是向我抱怨，可能因为我们有很多共同之处，她抱怨的内容我都能理解。于是每次见面，她都会向我抱怨。一开始，我没有打断她，还回应了她，有时甚至站在她的立场为她辩护，但后来听得有些烦躁，我便尝试转移话题。终于有一天，我实在忍不住了，直接提醒她："亲爱的，你最近抱怨挺多的，是不是应该找个教练请教一下？"然而那天回家后，我明显感觉自己的精神状态很低落，提不起兴趣做任何事，而她却依然在线参加一个项目，状态良好，似乎并未受到她所抱怨的事情的影响。

这让我开始反思："为什么我会容易受到身边人负面情绪的影响？"

事实上，我确实是一个情绪敏感的人。如果自己的内心不稳定，就容易在无意间受到外界负能量的影响。虽然现在我有部分觉察能力，在回家后能注意到自己的能量状态很低，但这属于后知后觉。我需要做到的是当知当觉，甚至先知先觉。

情绪具有传染性，他人的抱怨传递出不满、烦躁甚至怨恨。我们会感知到他人的情绪，激起我们类似的感受，这本来有助于我们发挥同理心。然而，如果我们的内心不稳定，就会让自己的大脑成为他人想法的跑马场。

那么，如何让自己的内心稳定，不被他人情绪影响呢？

在《第七感：心理、大脑与人际关系的新观念》一书中，作者丹尼尔·西格尔（Daniel Siegel）提出我们需要整合自己的觉知力，觉知力就像用第三只眼在总揽全局的位置上，观察当下发生的一切，同时让我们与情绪保持一定的距离。

书中用“觉知之轮”来比喻这种心理过程（见图 1-2）。我们可以想象一个车轮，轮毂代表开放、接纳性的心理内部，轮辐代表将注意力引导到边缘的通道，边缘则是注意到的外界的人、事、物（外界刺激）。觉知之轮可以帮助人们保持内在稳定性。**我们可以待在开放、接纳性的轮毂中，将注意力引导到外界的事物上，感受边缘上的心理活动，而不被这些心理活动淹没。**

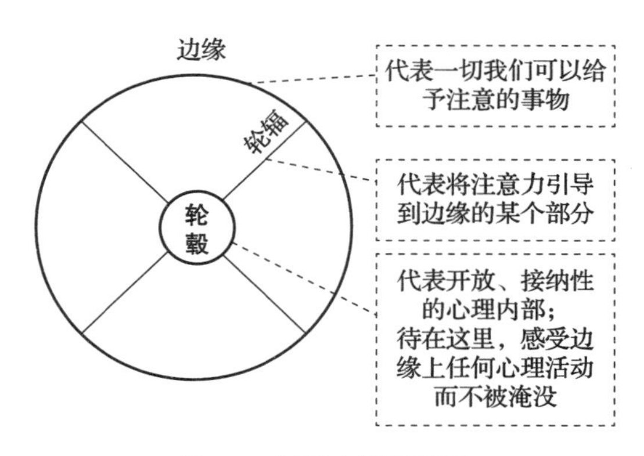

图 1-2　觉知之轮示意图

通过运用觉知之轮的概念，我们可以更好地观察和理解自己的情绪，从而避免被他人的负面情绪影响。当我们遇到他人的抱怨时，我们可以尝试将自己置于观察者的角度，保持一定的距离，不让这些情绪影响我们的内心平和。

在生活中，我们观察到有些人特别容易受到冒犯，有时候你无心的一句话，他就觉得自己被冒犯了，情绪激动起来。大多数人会选择远离这样的人，因为不想惹麻烦。这些人也可能会与他人保持距离，让自己免受伤害。然而，过度的自我保护可能让一个人越来越固化，不利于扩展自己的忍耐限度。这样，他始终处于自己的舒适区，他的地盘也就那么大。我们要敢于去拓展自己的界限，这也许正是让自己突破固有思维的好时机。

每个人对外界的刺激都有一定的忍耐度。在这个限度内，我们能够正常应对，保持接纳的态度；反之，我们可能会变得被动，甚至失去控制。训练觉知力有助于我们获得更强大的内心稳定，从而提高忍耐度，变得更敏锐、更客观、更开放，并因此获得更强的复原力。

训练觉知力的关键在于勇于面对自己的情绪，直视而非逃避它们。我们需要穿越和体验情绪的洪流，去看见自己的需求，然后问问自己："什么是我真正想要的？我想成为一个什么样的人？"当我们勇于体验情绪、读懂情绪背后的需求，并知道自己真正渴望的是什么的时候，我们就能保持内在的稳定，不会轻易受到他人情绪的影响。这样，我们就能拓宽自己的"地盘"。

我们的注意力决定了我们的认知资源投向何处，直接激活大脑相关区域的神经元放电。这意味着神经可塑性可以由注意力本身激活。这是一把"双刃剑"：如果我们关注未来的、积极正向的、进步的事物，就会拥有更多的积极情绪、创造力和行动力；如果我们总是关注问题、负面消息和自己的缺点，就可能会陷入情绪内耗，缺乏信心和行动力。

我们可以借鉴正念的方法训练注意力，正念（mindfulness）指的是有专注感知的能力，有意识地将注意力集中在当下，不受判断的左右。科学研究表明，正念对调整情绪大有帮助。

训练觉知力的做法

1. 内观冥想——关注呼吸

坐在椅子上或平躺在地上，闭上眼睛，关注自己的呼吸。每当思绪漫游，迷失在想法、记忆、情感或担忧中时，轻柔、充满爱意地将注意力拉回到呼吸。每次只需几分钟。你也可以使用一些冥想引导词帮助自己。

2. 身体扫描

坐在椅子上或平躺在地上，闭上眼睛，有条不紊地将注意力从脚趾移动到鼻子，暂停一会儿，体会身体各个部位的感觉。

3. 记录觉察日记

用语言描述内心世界，将进入觉知的想法、感觉、图像和情感写在日记里。

4. 行走冥想

将注意力集中在鞋底或小腿，慢慢地在房间里走动。

在进行以上练习时，我们要保持观察（感知自己如何集中注意力）、客观（抽离，不卷入观察对象）和开放（接受事物本来的样子，不受评判的影响）的心态。

当遇到爱抱怨的人时，我们首先需要连接到自己内心稳定的核心状态；其次，在对方抱怨时，保持距离——可以让身体后倾而不是靠近对方，甚至可以站起来走动，然后从思维上抽离；最后，觉察一下：对方触动了你的什么模式，你需要拓展的是什么？

当我们能做到以上三点时，我们就不容易受到外界负面情绪的影响，也能不断地拓展自己的边界。这意味着我们的影响力越来越大，因为我们聚焦于可以改变和拓展的方面。通过持续练习和提高觉知力，我们可以在面对他人情绪波动时保持内心的平静，并更好地处理各种人际关系。

1.2.2 无意识的抱怨到有意识的转变

公司新聘请了一名销售员，他是从其他地方被挖来的，公司对他寄予了厚望。这名销售员在加入公司的第一个月表现出色，帮助公司创下了有史以来的最佳业绩。

然而，从第二个月开始，大家发现这名销售员有个特点：当他能量充沛时，工作非常投入；然而在能量低迷时，比如领导不认可他的时候，他会突然陷入沮丧，表现出愠怒，甚至说一些难听的话。此外，他还会和不同的同事抱怨，并让这些抱怨在公司内传播，导致公司内部氛围紧张。最后，大家都避免与他接触，因为一旦他开始抱怨，说上几小时都不会停，虽然反复提到的都是那几句话，听的人很厌烦，但他却津津乐道。如果没有人制止，他会一直这样抱怨下去。

在能量低迷时，也就是情绪被绑架的时候，人们容易产生无意识的抱怨，既消耗自己的能量，又耗费他人的能量。然而，我们无法事事称心如意，有时有些事情会让我们觉得不公平，心生抱怨和愤怒，想和别人倾诉。那么，如何既能表达自己的不满，又能减少对自己和他人能量的消耗呢？

实际上，你可以有意识地“抱怨”。

如何有意识地抱怨呢？

第一，设定一个时间，告诉朋友“接下来我要吐槽半小时关于某某某的事情，我需要你倾听”。

第二，吐槽完毕后，抖掉身上的负面情绪，甚至可以邀请朋友一起做，以表达对朋友的感激之情。

第三，接下来思考一下自己抱怨背后的需求是什么？这样既能表达自己的不满，也能减少对自己和他人能量的消耗。

如果没有合适的朋友，也可以尝试通过写日记表达自己的抱怨。写完之后，可以选择撕碎日记，然后思考自己的需求。

正如那位销售员，他本身是有能力的，但由于无法有效地掌控自己的情绪，在情绪失控时，陷入了无尽的抱怨，不仅给自己带来负能量，还传递给他人。这真是双输的局面，非常可惜！

通常，这类人也很敏感，容易受到外界负面情绪的影响。

敏感的人尤其容易情绪化，可以尝试记录自己的情绪变化。通常有这样几种情况：当付出努力并得到他人的正向反馈和支持时，虽然会感到身体劳累但心情愉悦；但如果付出努力却没有得到反馈，尤其是遇到负面反馈时，疲惫感会迅速席卷而来，甚至在完成任务后，整个人只能瘫软在沙发上。

正向反馈会激励我们前进，使我们更加努力和进步；但一旦得不到正向反馈，就容易感到失望、难过和疲惫。我们可以利用正向反馈的力量，积极争取更多的正向反馈，从而激发自己的热情和动力。

那么，如何克服负向反馈带来的影响呢？

我们要明白，负向反馈也是一个成长的契机。如果能从负向反馈中吸取教训，那便是一种突破。关键是要避免让负向反馈影响自己的情绪，同时要客观地看待问题。如果反馈是合理的、中立的，就要接受这个反馈并做出改进。然而，如果对方的反馈源于狭隘的理解，你需要做到仅仅是听到这样一句话而已，不被对方的负能量影响。

敏感的人往往在不自觉中就能感知周围的情绪，并无意识地吸收这些情绪能量。吸收他人的负面情绪再加上自己的负面情绪，容易导致情绪化。

那么如何在保持敏感的同时，避免被他人的情绪影响呢？

要让自己变得通透，就要学会保持内心的平静和稳定。在《灵性成长》

一书中，作者提到了我们要学会停留在自己的能量中心，保持平静和回归核心的重要性。同时，我们需要体验周围人的能量、想法和感觉，这样才能保持通透。

那些容易激怒我们的人，恰恰是我们需要学习的对象。我们需要学会在这些人面前保持稳定和平静。当我们的内心变得稳定和平静时，这些人将不再能影响到我们，而且他们在我们生活中出现的次数也会越来越少。

要变得通透，需要从不再对他人的行为产生情绪反应开始。当我们对他人的行为产生情绪时，就无法保持自身能量的通透。只有当我们能够做到对他人的行为不带情绪，以平静的心态采取行动时，我们的行动才能带来最大的成果。在这种状态下，我们能够更好地理解和应对周围的人和事，从而为自己的成长和进步创造条件。

方法 1：专注于他人行为中能保持和谐的一面。将焦点对准可以学习的部分，以及对方行为中的正向意图。换句话说，不要关注低能量或令人不悦的部分，而是要关注高能量的方面。

方法 2：想象用光环绕自己，让自己的能量变得美好。敞开心扉，拒绝让对方混乱的能量进入你的生活。选择让对方的情绪穿过你，就像它们是完全不同的频率。与这样的能量抗争只会让自己陷入他们的负能量陷阱。

与不同能量的人在一起时，注意自己的呼吸。观察是否无意识地与对方的呼吸保持一致，从而陷入对方的情绪旋涡。如果对方能量较低，请关注内心，进行深呼吸，让自己的呼吸缓慢且平和，回到自己的中心。

他人的情绪不会干扰你，除非你内心有类似的情绪，也就是说，你需要清理自己内心的“钩子”。例如，当别人的恐惧干扰到你时，你需要找出自己内心的恐惧。当我们能够驾驭自己的恐惧时，我们更容易识别他人的恐惧，但不会感受到他人的恐惧仿佛是自己的一样。

我们要让自己变得通透，不再受他人负面能量的影响，同时也通过别人的能量看到自己需要清理的部分，从而实现自我疗愈。

1.2.3　当头脑中响起无数批评的声音

在做决定时，我们常常会担忧："别人会怎么想？""他们会认为我愚蠢、自私、犹豫不决、心胸狭窄或拘束吗？"这种担忧源于我们对融入社群和获得他人尊重、认可的渴望，因此，我们高度重视他人的观点。从小到大，我们被周围的人灌输了诸多"应该怎样"和"不应该怎样"的观念，这些观念早已被我们内化，我们往往难以分辨这些观点究竟是他人的教诲，还是我们自己的想法。因此，我们每天都似乎被脑海中纷繁复杂的声音困扰，就好像有许多小人在争斗。

然而，许多声音实际上来自他人，反映的是他们的需求，而非我们自己的。当我们的需求与他人的期望发生冲突时，我们往往会感到困惑，并可能丧失内心的平衡与稳定。

小静是一个特别关注他人，也易受他人影响的人。最近她注意到，她常常被别人的看法绑架，感到焦虑又不知如何变通，所以提出了一个教练议题：想要平静、灵活的状态。

我问她："什么时候有过这样的状态？"

她回答，在独处时她能保持平静和灵活，但当有他人在场时，她便会在意他们的看法。她举了一个例子：有一次参加同学聚会，她表示要早点回去休息。尽管大家劝她多待一会儿，但她还是坚持离开。然而，离开后她脑海里仍有一些声音告诉她，她不应该那样做。

我问她："这些声音分别来自哪里？"

她说有些是她自己的声音，有些则来自其他人，如同事、朋友和亲戚。这些声音指责她不好，认为她不能替别人着想。接着，她回忆起小时候，她的妈妈经常这样批评她："你不懂得感恩，我这么辛苦，却没有人来帮助我。"

我邀请她想象手中拿着一叠便笺，将脑海中的声音逐一写下，每条内容对应一张便笺。接着将所有便笺分成三堆，分别归类为来自她自己、妈妈和其他人（如同事、同学、亲戚）的声音。她保留自己的声音，将妈妈的声音暂放一旁，再想象将其他人的声音便笺吹回给他们。小静使劲吹了七八次后停下，抖了抖手，坐姿显得更加挺拔。随后，我邀请她设想妈妈在面前，小静带着爱与尊敬，将来自妈妈的声音归还给她。完成这些后，小静感到轻松自在。这个过程让她意识到，原来她曾认同许多他人的评判，导致无法听清自己的声音。

便笺是一个隐喻，将想法写在便笺上，将无意识的想法提升至意识层面；将便笺分类摆放，便是设立界限，让我们能够分辨哪些是自己的声音，哪些是他人的声音；将他人的声音"吹回去"，象征着重新获得主导权，排除他人的声音，更清晰地认识自己的需求。

通过这种形象化的操作，我们整合了内心的思维，达到平静和轻松，从而更加稳定。稳定不意味着僵化、不变通，而是具备韧性，如同郑燮（世称板桥先生）笔下的竹子，在岩石中扎根，表面光滑，经风雨不留痕迹。遇到狂风，竹子顺势变形，最终恢复原状。同样，我们需要具备心理弹性，无论处于低谷还是高峰，最终都能回归平和。

竹石

清　郑燮

咬定青山不放松，

立根原在破岩中。

千磨万击还坚劲，

任尔东西南北风。

1.3　保持界限

1.3.1　为何 90% 的成年人都无法说“不”

你是否时常感到困扰，明明想要拒绝他人，却咬着牙也无法说出那个“不”字呢？小芳总是不敢拒绝别人，尤其是对那些她在意的人或者关心她的人。

这背后隐藏了什么样的想法呢？

“拒绝他人就等于伤害了他们。不同意就会让对方难受。”这个隐藏的想法背后还有一个夸大事实的想法，就是拒绝别人，“我们的关系就完了”。

小芳有一个非常有主见的朋友。有一次，小芳热情洋溢地向这位朋友描述一场讲座，却被朋友直接打断：“我想问清楚，是不是要让我去外地讲课？如果是，我可不想去。如果我不想去，你就别再费口舌介绍课程了。”尽管被打断，但是小芳并未感受到攻击，反而对这位朋友的坦率和中肯表示佩服。

另一次，小芳想与这位朋友探讨共同感兴趣的专业话题，朋友却直截了当地告诉她：“和我聊天是要收费的。”最后，小芳支付了费用，谈话效果确实高质量。

小芳很羡慕这位朋友清晰而坚定的态度。而她自己，在需要表明立场时，总是因为不好意思直接表达，导致对方难以明确地感知她的态度。结果，对方抱有期待，而她却无法满足这种期待。

有时，别人找小芳帮忙，她明明可以立刻拒绝，却忍不住答应了。随后她又后悔不已，若不做又觉得不符合自己的风格，于是纠结不已，最后还得挤出时间完成任务。

最近，一个朋友让小芳在朋友圈转发一个课程广告。尽管一开始小芳就觉得不太舒服，但是她还是答应了。然而，她对自己的朋友圈有所规划，只想发布一些自己有感触的内容。于是，她没有在朋友圈发布广告，而是为这位朋友介绍了一个合作伙伴，她有一种总算完成任务的感觉。

为何小芳不敢清晰而坚定地拒绝呢？背后隐藏着怎样的模式？该如何处理？

首先，小芳害怕自己不够好。

在她看来，别人之所以会提出请求，是因为认为你好。她怎么能拒绝呢？这不是举手之劳吗？

其次，她觉得对方的请求本身不合适（以指责者的姿态）。因为小芳很少让别人帮忙转发朋友圈，她自己不这样做，所以也不能接受别人这么做。实际上，别人有提出请求的权利，而她也有拒绝的权利。

最后，小芳害怕对方不满意，因此不敢拒绝。实际上，我们永远无法让所有人满意。那些喜欢我们的人，喜欢我们的原因是我们独特而珍贵的特质，而不仅仅是我们为他们做了什么。同样，那些不喜欢我们的人，也不一定是因为我们拒绝了他们。也许他们本来就不喜欢我们。如果一个人因为你的拒绝而导致关系破裂，那么这种关系从一开始就没有建立的必要。即使主动放弃这样的关系，也无关紧要。

深入分析，不拒绝别人带给自己的好处有哪些？

其中一个好处是让别人觉得我们是好人。这是小芳根深蒂固的观念。但是，拒绝真的就意味着不是好人，而顺从就能成为好人吗？这个假设站不住脚。

另一个好处是避免得罪人，以便将来可能需要帮助时能找到他们。这种自私的想法让小芳无法实现身心合一。

解决之道在于：明确分析事情，如果是身心合一的就去做。如果不是身心合一，那么即使对方未来能给自己带来好处，也要坚决拒绝，并且不后悔。

处理这种情况的一种方式是采用“超级悲观思维”，问自己：“如果最糟糕的事情发生了，我能改变什么？”

例如，拒绝别人可能让他们失望，导致我们从朋友变成敌人。虽然我们可以尽量以温和的方式表达拒绝，但我们也要接受别人可能仍然会将我们视为敌人，同时不因此责备自己。

总之，小芳需要认识到自己有权利拒绝，并且不必为了取悦别人而委屈自己。她需要建立自信，勇敢地表达自己的想法和需求。只有这样，她才能更好地处理类似情况，让自己的生活更加和谐。

查理·芒格说过：“有时候不做什么比做什么更重要。”喜欢控制的父母和善于微观管理的管理者都应将这句话作为座右铭。

成功人士通常擅长拒绝。史蒂芬·柯维的女儿辛西娅分享了一个关于她与父亲的故事。柯维与 12 岁的辛西娅在一场演讲后安排了一次“约会”，计划乘坐电车去唐人街品尝中国菜、购买纪念品、欣赏风景、看电影、返回酒店潜入关闭的游泳馆，以及享受冰淇淋等令人兴奋的冒险活动。然而，演讲刚刚结束，一个久违的老朋友过来打招呼，并邀请他们去品尝海鲜大餐。柯维说：“鲍勃，见到你真的太高兴了。去渔人码头吃晚餐是个好主意。”听到父亲这样说，辛西娅感到非常沮丧，担心精心策划的计划泡汤。但接下来，柯维说：“然而，今晚行不通。辛西娅和我已经安排了一个特别的约会。”他拒绝了老朋友的邀请，展现出了高度的智慧。

如何以温和而坚定的方式说“不”？具体来讲，有以下三个步骤。

第一步：表达自己的感受。

例如：“这件事让我感到有些不舒服。”（记住以“我”为主语表达感受）

第二步：说明原因。

例如：“因为我的朋友圈就像我的工作室，我希望分享与我的主题相关的内容。而您的内容与我的主题无关，所以我不能帮您在我的朋友圈发布课程广告。”

第三步：提出一个建议。

例如：“如果您愿意，我可以推荐一个广告群，您只需发送一个红包即可发布广告。”

这样做有以下几点益处。

1. 明确界定自己的界限

尊重对方的界限并坚守自己的界限能使沟通更为简洁、高效。当你清楚地告诉对方你的界限在哪里时，这就像建立了一个基准，以后再遇到类似情况时，对方就知道是否应该找你。

2. 提供替代方案，给对方更多的选择

我们需要区分事情和人。拒绝的是事情，而不是那个人。拒绝可以是温和的，而不是让对方面对一堵墙，也不是非黑即白。当我们关心对方的需求并提出替代方案时，传达的信息是：我拒绝的是这件事，但我愿意帮助你，也可以通过其他方式提供支持。

3. 及早拒绝，让对方有时间寻找其他解决方案

如果需要拒绝，尽早表达，以免对方产生误解，最后来不及采取其他措施。这样反而有利于维护双方关系。越真实地表达自己的感受，越有勇气传达真实意图，就越能建立高质量的关系。

1.3.2 收回发散的能量，不被另一半影响

情绪如何影响我们的状态？当我们状态良好时，我们的效率很高，尤其适合完成需要专注和重要的任务：阅读、写作、创作文案、备课。

然而，情绪化时，效率会大打折扣，似乎带着一种气急败坏的感觉，好像一个漏气的轮胎。因此，我们要找出哪些事情会让我们的轮胎漏气，并及时修补。亲密关系往往是最容易影响我们状态的因素之一。越在意的事情，越容易干扰我们的情绪和状态。

每当小艾看到先生戴上耳机开始玩游戏，她就开始心生厌烦。当他结束游戏后，小艾会板着脸，语气也不好，这自然会引起他的不满，导致两人冷战或争吵。最后，小艾的情绪和精力受损，就像漏气的轮胎，整天状态都不佳。

那么，如何修补漏气的轮胎，调整自己呢？

首先，要放下对这件事的评判。

我们不愿接纳他人的背后，可能潜藏着对这件事的评判。例如，认为玩游戏就是不务正业。然而，对小艾的先生来说，玩游戏也许是他调整状态的一种方式。

其次，要关注先生的优点。比如，他每天接送孩子、做饭、负责家庭采购，为小艾节省了至少四小时，她可以用这些时间去做喜欢的事情。他还每天锻炼身体，认真参加课程。除了爱玩游戏，没有其他不良爱好。当小艾看到他的优点时，她的情绪会变得平稳，做事效率也会提高。

最后，要向内觉察，发现自己真正想要什么，哪些事情可控？如何化不利为有利？

小艾问自己："为什么这件事如此困扰我？它触动了我内心的哪种模式？"

她对自己要求非常严格，认为读书、写作才是重要的，而玩游戏只是浪费时间。所以，如果她自己几天不读书、不写作就会自责，看到别人每天在游戏上花费大量时间就会感到愤怒。小艾背后的需求是："珍惜时间，将其用于重要的事务。"当小艾意识到自己的需求，并将精力和关注点放在读书、写作等重要事情上时，她的内心便会感到充实和愉悦，也就不再对先生玩游戏感到苛责。

状态不对，套路白费。所以，在状态不佳时，我们一定要先调整自己的状态，再展开行动。而调整状态的关键是找到事情中哪些因素可控，哪些不可控。改变先生玩游戏的习惯是不可控的，但发现自己的模式和需求，改变对先生玩游戏的看法是可控的。当我们将更多的精力投入可控的事情，我们就会获得越来越多的掌控感，越来越有力量。

总之，调整情绪和状态的关键在于自我反思、寻找可控因素，以及关注他人的优点。这样，我们不仅能够修补漏气的轮胎，还能让我们的关系更加和谐。当我们调整好自己的状态后，才能更好地投入重要的事情，实现自己的价值和目标。

1.3.3 如何不被身边爱抱怨的人影响，保持自己的界限

当我们关心身边的人时，容易受到他们抱怨的影响，我们被卷入他们的负面情绪，难以保持自己的界限，尤其是对待父母。

小芳的父亲生病后，因为身体疼痛而随意吃药，期待立刻解决问题，反而导致胃疼。于是，他向母亲抱怨，而母亲仿佛被乌云笼罩，又将焦虑传递给小芳。小芳为此心情烦躁、厌恶、生气、无奈和担忧，五味杂陈。她发现自己没有完成与父母情绪的分离，容易受到他们情绪的影响。于是，小芳不想和他们说话，试图拉开距离以维护自己的界限。

别人的抱怨或许是因为你的某种行为与他们的价值观不符，或者他们本来就心情不好，将怒气发泄在你身上。但这都是他们的情绪。如果你非常敏感，容易感知到对方的情绪，那么在需要保持冷静的时候，你可以采用适当的情绪隔离方法。想象自己穿着隐形的防弹衣，或者设想在你周围有一个无形的保护罩，对方的情绪被防弹衣或保护罩隔开，而你不受影响。

外科医生通常擅长情绪隔离。想象一下，他们需要为患者动手术，

如果患者痛苦时他们也同样感到痛苦，就很难进行必要的处理。虽然看起来冷漠，实际上这也是对自己的一种保护。

情绪隔离确实存在副作用。例如，可能降低你对自己和他人情绪的感知。如果你过度习惯于隔离，那么你可能无法感受到消极情绪，同样也无法体会到积极情绪，这就是情绪的钟摆效应。因此，你的家人和朋友可能会觉得你冷漠，缺乏温情。所以，情绪隔离需要适度进行。

如果你的父母也特别喜欢抱怨，倾泻负面情绪，你可以尝试以下方法。

第一，问自己几个教练问题：对方的抱怨引发了你什么样的情绪？如果给情绪打分，假设 10 分是非常强烈的感受，1 分是几乎没有感觉，此刻情绪的分数是多少？

第二，如果超过 7 分，你可以快速想象给自己穿上了“隐形情绪防弹衣”，使别人的负面情绪无法影响你。

第三，想象自己是一棵根深蒂固的大树，再与对方沟通，询问他们情绪背后真正想表达的是什么，并提出自己的请求。例如，小芳在完成前两步之后，与父母进行沟通，说：“听到你们难受，我也感到很无奈。我希望我们能一起解决问题，而不仅仅是抱怨。如果我们减少抱怨，一起看看如何解决这些问题，会不会更有效果？”

当人们陷入问题时，他们常常忘记自己真正想要什么，以及什么对自己最重要。明确这些之后，就可以设定自己的界限，并坚持维护这些界限。此时的挑战在于，不要过分在意别人是否喜欢你，也不要害怕让他人失望。

对成年人来说，每个人都需要确定自己的界限。在某种程度上，你可以将其理解为每个人的领地，领地内是神圣不可侵犯的。只有设定界限，才能实现情绪自由。

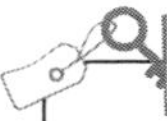

要点

1. **自我负责：**从“不得不”到“我选择”，每个人都要为自己的人生负责，不把期待建立在他人身上。

自我教练提问：

1）我期望的成果是什么？

2）我将如何为我的选择承担责任？

3）我可以为此采取哪些行动？

2. **核心稳定：**设定一个关于核心稳定的隐喻，如泰山、深深扎根的大树、太极大师等。想象外界的刺激如同清风拂过，你依然保持稳定。

自我教练提问：

1）当我感到被情绪绑架时，我的真实自我在哪里？

2）观察头脑中的各种声音，它们来自何处？哪些声音是属于我自己的？

3）如果为我的核心稳定寻找一个比喻，我的比喻是什么？

3. **保持界限：**设定自己的界限，不过分在意他人对你的看法，也不害怕让他人失望。尊重他人的界限，不随意评判或刺探隐私。

自我教练提问：

1）如果我拒绝他人，最坏的结果会是什么？

2）我的界限在哪里？

3）我可以拓展哪些界限？

第2章

自律：自律带来自由

自律给我自由。

——Keep（健身 App）

2.1 精力管理

2.1.1 自律带来自由

1. 精力管理和自律

人生需要全身心投入，全身心投入会带来健康和快乐。精力管理是让人全身心投入生活的基石。我们常说人生犹如马拉松，更贴切的说法是，人生由一连串的短跑冲刺组成。这是因为在精力消耗殆尽后，我们需要补充能量，才能继续前进。精力是完成任务的动力来源。如果精力运用不当，那么做事效果将受到严重影响。

《精力管理》（*The Power of Full Engagement Contents*）一书系统地阐述了精力管理的方法。作者之一的吉姆·洛尔（Jim Loehr）是著名心理学家，另一位作者托尼·施瓦茨（Tony Schwartz）则是精力管理机构的负责人。他们曾共同为众多职业运动员提供服务，帮助他们进行精力管理以取得优异成绩。事实上，每个人都可以像运动员那样管理自己的精力。

> 精力管理有以下四个关键原则。
>
> 1）调动四种独立且相互关联的精力源：体能、情感、思维和意志。
>
> 2）精力需要适度消耗并得到适当恢复。
>
> 3）借鉴运动员系统训练中的“超量恢复”方法，提高精力（经过适当的运动和休息后，体能将超过原有水平）。
>
> 4）精力管理依赖于良好的习惯，这些习惯应基于个人的核心价值观。

要想进行精力管理，我们需要自律。通过自律，我们可以更好地调控自己的精力，从而实现事业和生活的平衡。

自律最早出自汉《左传·哀公十六年》：“呜呼哀哉！尼父，无自律。”本意是遵循法度，自我约束，是指在没有人现场监督的情况下，通过自己要求自己，变被动为主动，自觉地遵循法度，拿它来约束自己的一言一行。如今的法度，说的不再是外界的法度，而是自己的目标、原则和价值观。

自律是一种状态，当你为自己设定目标时，你能够为了实现这些目标而持续努力，即使面临困境，也能坚持不懈。

自律背后的驱动力来自个人的使命、愿景和价值观，而非他人的期望。这种内在动力能帮助我们在实现目标的过程中保持自律和坚定。

自律是实现人生目标的一种手段。要实现目标，不能依赖一时冲动，而需要建立一个系统。

关于自律的三点认知。

1）自律不仅是一段时间的冲刺，而是在通往终极目标的道路上，通过不断达到一个个里程碑实现。有时我们会加速，有时会放慢脚步，但总是在达到一个里程碑后，毫不松懈地继续追求下一个目标。

2）自律不是为了赢得他人的赞誉和认可而行动，而是出于自觉、由目标引发的行为和状态。即使在面临他人质疑时，仍能保持内心的稳定。

3）自律不等同于痛苦的坚持，也并非“不得不”做的事。它不完全依赖意志力，而是依靠良好的习惯。一旦习惯建立，我们会在完成任务后感到愉悦，并乐于重复。虽然习惯的建立初期需要付出努力，但一旦形成，它将变得自然而省力。

首先，将大目标分解为1~3个月的里程碑目标，然后将其转化为日常行为习惯。

例如，著名作家严歌苓每天坚持写作6小时，村上春树则每天写作6000字。18枚世界金牌得主邓亚萍自8岁起每天训练10小时以上，规定训练场上要进行500次正手挥拍。曾获五连冠的中国女排队员进行训练时，一个上午要完成100次发球、200次扣球和300次接球。这些看似艰苦的日常训练有助于刻意练习和精通技能。当面临真正的挑战时，他们才能自然而然地展现出雄厚的实力。

常见的自律行为包括：早起、规律锻炼、健康饮食、写作、每日阅读、持续学习、基本功训练等。通过养成这些习惯，我们可以更好地实现自己的人生目标。

年轻人所熟悉的“潇洒姐”王潇和“趁早”品牌创始人张萌都是早起和健身达人。

张萌在大学时期坚持了3年多的“1000天小树林计划”，每天早上5点起床，在小树林背英语3小时。现在她甚至提前到4点起床，并每年进行大约180天的锻炼。

王潇则执行了多个“100天”计划，涵盖健身、健康饮食、时间管理等方面。通过这些行动，她们展示了自律精神在实现目标和提升自我方面的重要性。

2. 执行意图有助于我们实现目标

很多人会制定新年目标，但在一项针对新年目标的调查中，有很多人在一个月内放弃了目标。这是因为我们仅仅设定了目标，而没有规划如何实现目标，也没有将目标转化为具体行动计划。

心理学家提出了一种叫作“执行意图”（implementation intention）的方法，是指明确做出在特定情况下你要执行的确切行动计划。这个计划通常表述为“当/如果……（情境/触发行为）那么……（自己的行为）”。

以下是一些例子。

当我刷完牙把牙缸放下，我就拿起牙线清洁牙齿。

如果我吃完饭，就马上把所有餐具拿到水池里刷干净。

如果我穿上跑鞋出门跑步，我就带上所有的垃圾去扔。

当闹钟响起，我就马上起床，坐到桌前打开电脑，新建一个文档开始写作。

当我开始写作，我就把手机放在抽屉里。

当我去聚餐，我就只吃平常分量的蔬菜和蛋白质。

当别人把烟递给我，我就说：“谢谢，我不吸烟。”

通过这种方式，我们可以将目标转化为具体的行动计划，并在面临诱惑时快速做出调整。明确执行意图具有以下四点好处。

（1）**有助于启动行动。**当我们设定一个目标时，仅仅描述想要的结果是不够的。我们需要明确新的行为，将其融入我们每天的日程安排，以便从已有的习惯中跳出来，迈出新的一步。在这里，执行意图可以像一个启动项，触发我们去做“那么”之后的新行为。研究表明，执行意图有助于启动不愉快甚至痛苦的目标。

（2）**有助于目标持续。**目标难以持续的主要原因是我们会被其他事情干扰。例如，你可能制订了一个减肥计划，但每周应酬三次，或者遇到感冒发烧，想要早睡，但晚上开会到很晚，这些都可能影响你的目标计划。然而，执行意图能够提醒我们集中注意力，回到目标上。长时间坚持，新的行为会变成新的习惯，目标也就更容易实现。

（3）**有助于改掉旧习惯。**为了实现目标，我们不仅需要建立新习惯，也需要改掉一些旧习惯。例如，如果你经常在网购平台上浏览并购买商品，而你想要改变这个行为，你可以设立一些执行意图，如“当我打开某某网站时，就立刻关掉它”“当我想要买某件商品时，就请朋友推荐品牌和购买渠道”，或者“当我想要买某件商品时，就请先生帮我买”，以减少时间的浪费。

（4）**有助于控制内心状态。**除了外界的干扰，我们的内心状态也会影响我们的意志力和目标实现。对食物的渴望、情绪的困扰，如焦虑和自我怀疑，都可能让我们放弃目标。例如，一些运动员在遭遇失败时容易情绪失控，导致发挥失常。然而，著名乒乓球运动员邓亚萍就给自己设置了一个执行意图：“当我遇到失误时，就按三下球台，让自己冷静下来。”这个执行意图在她与陈静比赛时发挥了作用，帮助她迅速调整状态，转败为胜。同样，当我们在工作繁忙、压力大的时候，容易借助食物减压，所以很多人会“过劳肥”。这时可以建立一个执行意图：“当我工作压力大想吃东西时，我就吃一份蔬菜沙拉”或者“当我工作压力大想吃东西时，我就做30个开合跳”。

为什么执行意图能够奏效？

在日常生活中，我们不得不面临无数的决策，例如早晨出门时选择穿什么衣服、搭配哪双鞋；在向领导汇报时，如何表达、是否要提及不利信息；午餐时，是选择煲仔饭、小火锅，还是牛肉拉面、麻辣烫等。在进行决策时，大脑需要权衡各个选项的利弊，我们要动用意志力来抵抗那些可能使我们偏离目标的诱惑。这个过程非常耗能，而大脑又倾向于节省精力，因此降低决策难度显得尤为重要。

执行意图为我们提供了一个无须深思熟虑便能做出决策的机会，让我们更加省力。毕竟，大脑善于处理简单问题。

当然，执行意图并非完美无缺。当我们设定了一个执行意图后，视野可能会变得狭窄，特别是在设定了质量不够高的执行意图时，可能会错失更好的解决方案。尽管如此，执行意图仍然是心理学家们广泛研究的有益方法。

实际上，精力管理是自我管理的另一种表述。尽管人生中许多事情是不可控的，但是我们可以在可控的范围内，努力追求幸福的生活。幸福生活源自有意义、有觉察和积极的体验。构建一个自我管理系统将有助于我们更好地体验幸福。

2.1.2 立体的时间管理会让我们更加游刃有余

我们常说的时间管理，实际上并非对时间本身的管理。因为对每个人而言，一天都是24小时，我们无法延长或缩短时间。然而，由于主观感受的不同，我们可能会觉得时间过得很慢或是转瞬即逝。

所谓的时间管理，其实是关于我们如何利用时间的。每个人的天赋和精力都有所不同。有些人天生精力旺盛，一天只需5~6小时的睡眠；而另一些人则需要足够的8小时睡眠。可以设想一下，将24小时分成不同的时间段，睡眠以外的时间就取决于我们如何加以利用。

1. 时间管理的视角

要活出精彩的人生，我们需要站在更广阔的视角看待时间，考虑生命的长度、深度和广度。一般来讲，时间管理有以下三个基本原则。

原则一，由远及近。即人生的终极目标——阶段愿景（如 5 年或 10 年）——年度目标——季度、月度、周计划、日计划。

想象一条时间线，你站在当下这一点上，一侧是过去，另一侧是未来，这便是生命的长度。每个人的生命都是一条线段，虽然我们不知道终点在哪里，但需要以终为始地思考自己想要过怎样的人生，设想每隔 10 年、5 年、1 年的生活目标。

原则二，聚焦原则。人的时间和精力是有限的，我们生命的深度和广度常常难以兼得，所以需要有所取舍。爱好广泛，可能就难以在每个领域成为专家；在一个领域走得深，就不能涉猎太多的领域。

原则三，整体平衡。在个人层面，我们要实现身心合一，包括身体（饮食、休息、睡眠、锻炼、洗漱等）、情感（自我情绪调节、亲密关系、亲子关系等）、思维（学习、反思等）和意义（与使命相连接）。在系统层面，我们要兼顾个人、家庭、工作和社会的各种关系，不能顾此失彼。虽然可以在某一阶段出现不平衡，但在大的方面应尽量保持均衡。

在进行时间管理时，我们需要先关注长期目标，再考虑短期计划，并以未来为导向。

2. 个人的人生使命和愿景

每个人来到世界上都带着特定的使命和愿景。我们都渴望在这个世界上有所作为，为世界做出一定的贡献。我们希望在离开这个世界时能够无怨无悔。

通过设想自己的追悼会或将人生拍成电影，我们可以更好地认识到自己真正的梦想。在这个过程中，我们可以尝试回答以下问题：

1）如果年老的我能给现在的我一个建议，那会是什么？

2）当我实现了我的使命，我会看到什么、听到什么、感觉到什么？我身边会有谁？我会在做什么？

3）我的愿景将在何时实现？

根据这些问题的回答，我们可以为自己描绘出一个具体的愿景画面。随后，我们可以倒推回到现在，思考在未来 5 年、10 年后，愿景画面将会是什么样子？

为了实现这个愿景，我们需要制定目标和计划，将愿景分解为可实现的阶段性目标。同时，我们还需要关注自己的成长和进步，以保持对愿景的热情和动力。

在实现愿景的过程中，我们可能会遇到挫折和困难。在这些时刻，我们要坚定信念，相信自己的潜力和能力。只要我们坚定地朝着愿景前进，我们终究能够实现自己的人生目标。

最后，实现愿景不仅仅是为了自己，还要为家人、朋友和社会做出贡献。我们的人生使命和愿景将引导我们走向一个更加美好的未来，让我们的人生更加充实和有意义。

3. 用清单管理人生

（1）年度清单。要想成为生活的艺术家，年度清单是一把利器。想象一下，你将未来一年的愿景和梦想细分成具体的目标，这会让你更有方向、更有动力。

每年的梦想清单应包括十件大事，这些目标既有挑战性，又能让你感到振奋和有成就感。不妨让这些大事遵循以下四个原则：积极正向、可控、整体平衡和 SMART 原则。

整体平衡是指清单需要体现以下四个方面。

（1）身体 / 物质层面：打造健康的身体，如规律锻炼、保持良好作息，同时追求物质上的成功，如财富、地位、短期奖励等。

（2）情感 / 关系层面：满足你的情感需求，提升与亲友、伴侣、子女、同事的关系质量。

（3）思维 / 意识层面：设定学习目标，提升认知能力，增长智慧，洞察人性，明了世事。

（4）使命 / 意义层面：实现与人生使命和愿景相符的目标。

这十件大事是结果指标，你还需要设立一些过程指标或行为指标，相当于将这些大事分解成可执行的关键步骤，比如每年的教练时间、阅读书目等。

（2）月清单。正如《如何想到又做到：带来持久改变的 7 种武器》一书所述，3 个月以上的目标都是梦想，因此我们需要将年度目标拆分至月度目标。当然，在总结时，我们会进行季度总结。月计划要兼顾淡旺季、法定节假日以及孩子的寒暑假等因素，这样才能让你的生活更有条理。

（3）周清单。周清单，让你的时间变得有序。我们做时间管理需要按周管理。将时间划分为工作日和休息日，不同的时间段，生活与工作的权衡也不同，总体上要保持平衡。比如未婚者每天可能会给父母打电话，结婚后则每周一次。有了孩子，周末便是安排健康、有益的亲子活动，度过温馨、愉快的亲子时光。

（4）日清单。每天的计划都应体现在你的日程表上。无论你在执行 30 天、100 天还是 365 天的计划，如写作、健身，都要将其纳入日程。值得注意的是，需要谨慎应对时间过于碎片化的陷阱。细碎的时间安排可能让你无法集中精力思考。在处理重要事务时，我们需要留出大块时间。尤其是要进入心流状态，我们需要充足的时间，且不能被打断，才能让创造力涌现。

清单提醒我们在应对日益复杂的生活时，什么事情是真正重要的。通过制定清单，我们能够更好地关注关键问题，避免因琐事而分心。因此，让我们用好清单，成为生活中的自我教练，驾驭每一天，让梦想照进现实。

2.1.3 照顾身心，让精力持续

1. 你以为的比喻，是真实的身体感受

当小美得知她的男友出轨时，她感到极度恶心，甚至一阵阵反胃，想要呕吐。在这个情境下，“你让我感到恶心”不仅是一种心理反应，也是一种身体反应，就像吃下有毒物质时，身体会产生恶心反应，试图将有毒物质排出体外。

我们的语言中有很多描述心理感受伴随身体感受的，如肝肠寸断、心如刀绞、喜上眉梢、七上八下等。这是因为人是身心一体的，当我们面对外界的刺激时，心理上的感受会在身体上反映出来，包括面临威胁时的“战斗、逃跑、僵住”反应。

以萧叶为例，当她和女儿吵架时，她会感到一股热气从腹部涌上，胸口像被一块石头压着。这其实是肾上腺素迅速遍布全身，体温升高，身体想要战斗的本能反应，但由于她无法和女儿战斗，能量就被困在身体里。

萧叶童年时曾受到惊吓，当时她感到一股凉气瞬间从脚后跟传到了后脑勺。这种感觉类似于恐惧的应激反应，导致体温降低，人想要逃跑。

有一次，我在为某个企业子公司做培训时，总经理告诉我，他们今年的任务增长了 50%，感到很有压力。我告诉他可能会感到肩背紧绷，结果他吃惊地说：“你说得太对了，我感到肩膀和背部很紧张。”这是因

为肩背是人体承受重压的最佳部位，因此“承担生活的重担”不仅仅是比喻，许多能干的人的肩背都很厚重、僵硬，这是长期紧张的肌肉造成的。

有些身体不适是由心理因素引起的。压力会导致身体不适，长期累积下来，人容易生病。处事不灵活的人常常身体僵硬，这是因为他们不能允许自己的关节和韧带超过一定的限度活动。因此，他们容易患上骨骼相关的疾病。

过度的压力也容易让人患上免疫系统的疾病，某企业的一位负责人，因企业发生了重大生产事故，他需要安抚家属，应对外部检查，焦虑万分，结果患上了带状疱疹，痛苦不堪一个多月。

2. 对刺激的解读带来压力感

动物面对外部刺激时通常会做出本能反应，而人作为高级动物，同样会有本能反应，但很多情况并非生死攸关，却因为人的错误解读而产生了压力感。

人的想象力丰富，心理因素强大，所以人们会不自觉地无中生有或过度解读刺激因素。此外，一些人可能经历过童年创伤或具有僵化的思维模式（背后是限制性信念），或者情绪管理能力存在差异，因此，即使面对相同的刺激，不同的人也会有不同的反应。

人们通常会经历以下认知过程。

第一步：感知——外界刺激，如“领导批评我”；

第二步：联想——“我过去有没有遇到过类似的事情”，这时过去的经验就会被唤起，“这是领导第一次批评我”；

第三步：评估——“这件事对我有好处还是坏处？”，如果解读为“领导对我不满，是在威胁我”，就会产生应激反应，如肌肉紧张、心跳加快等，或者解读为“领导很着急，他希望我加快进度，我们可以合作”；

第四步：决定——权衡利弊，做出决定，例如解读为“威胁”——和领导争吵（战斗）或请求领导换人（逃跑），或者解读为“可以合作”——提出解决方案，请求领导提供资源等。

对于善于学习的人来说，他们会经常自我觉察，了解自己的模式是否启动，从而预测自己的反应。很多反应是即时的，当时就处理，情绪得以流动，问题就解决了。还有一些需要一定时间的恢复（如哀伤处理），需要给自己耐心，从中找到意义感，这样就会更快地完成内心的历程。

3. 提升觉察，关爱身心

既然身心是一个整体，我们需要关注并照顾这两方面。

我们可以根据个人特点选择环境，如容易焦虑的人可以选择较稳定的工作环境，选择令自己愉悦的爱好，构建更有支持性的人际关系。

我们也可以训练自己看不见摸不着的想法，增强自我觉察能力，调整自己的状态，多看正向的观点和未来，打破自己的限制性信念，改变自己对事情的反应。

身体是我们物理存在的体现（包括大脑这个心理活动的物理基础），我们可以通过锻炼身体、注意饮食和养生，照顾自己的身体，让身体放松，让大脑放松。

运动不仅可以让身体更加健康，还可以促进大脑内啡肽和阿片类激素的分泌，缓解压力并带来愉悦感。多喝水、好好休息也可以同时调节大脑和身体。

克里斯廷·内夫在《自我关怀的力量》一书中介绍了很多方法，可以为我们提供参考（详见第一章）。

健康的身体和稳定的心理是我们成功和快乐的基础，任何一方面的锻炼都可以促进其他方面的进步。如果我们能关注身心，善用大脑，我们的生命就会更加充实和有质量。

2.2　财富规划

在制定年度清单时，一个重要的项目便是财富目标。财富是幸福人生的组成部分之一，它是我们生活的物质基础和成就，也是实现目标和梦想所需的资源。然而，财富有时也会成为困扰我们的源头。因此，在面对财富课题时，我们需要厘清自己与财富的关系，并通过自我教练的方式帮助自己。

2.2.1　我们和财富的关系

1. 总是忍不住要花钱怎么办

小凤每个月收入不菲，但却几乎没有存款，每个月不仅会花光收入，甚至有时需要网络信贷。她对此感到十分苦恼，但每次购物时却依然无法控制自己。例如，即使已经有数十个毛绒玩具，她还是忍不住继续购买；在购物网站上看到喜欢的商品，担心以后买不到，就忍不住下单，结果购买的物品闲置在家。

我们来看看小凤的花钱模式。

我们可以看出，小凤的购物模式中存在一个观念："如果现在不买，有一天就没有了，想要就买不到了。"这种想法让她产生焦虑、担忧和恐惧，从而忍不住就买了自己并不是真正需要的物品。

小凤如何才能打破自己的这个购物模式呢？

要想打破这个购物模式，首先，小凤需要认识到自己在购物时的这种行为模式。在意识到这一点后，每次购物时，她可以先停下来问自己：

“对方让我付款的方式是激发恐惧还是爱？”如果对方采用激发恐惧的方式，如“现在不下单就没有了”或“错过今天就再也没有这样的优惠了”，小凤应该提醒自己要小心，可能会陷入基于恐惧的购物模式。一旦能够停下来，暂且不做决定，搁置一下，等待理性思考回归，小凤就能打破固有的购物模式。

其次，小凤可以制定一些购物目标。例如，每次花费在500元以内时无须过度思考，同类物品购买数量不超过5个等。通过设定这些小目标，她可以更自由地消费，享受购物带来的快乐。

最后，小凤可以深入了解自己与金钱的关系，思考金钱满足了哪些需求以及还可以满足哪些深层次的需求。她发现自己总是在非必需品上花费大量金钱，导致资金在不知不觉中流失，而在需要大笔开支时，如装修房子、自我成长或给家人购买重要礼物时，却手头紧张。在理清这些问题后，小凤可以进行长远规划，比如设定每月和每年的存款目标。有了明确目标，她更容易为之付诸努力和行动。

通过探索与金钱的关系，我们可以调整自己的内在状态，一切都从状态出发。在良好的状态下，我们可以更好地管理自己的想法，目标更清晰、专注且坚定，设想拥有丰盛财富的愿景。只有驾驭好金钱能量，才能活出富足且充满喜悦的人生。

2. 月入3万元，却成了月光族

萧叶竟然是个月光族！

其实，她的收入相当可观。当她告诉我她是月光族时，我感到非常惊讶。我知道萧叶确实喜欢购物，她曾经为此制订了一个30天不购物的行动计划。作为一个基本不网购的人，我对此感到十分震惊。

她希望我能为她进行一次关于金钱关系的教练，同时帮助她清理一下过去对金钱的限制性信念。

在教练过程中，萧叶回想起了关于金钱的童年往事。她家境清贫，家里曾购买了一台电视机，还了半年多的债务。她的母亲经常抱怨家里没钱，钱不够用，几乎从不购买新衣服。小时候的萧叶特别羡慕一个家里做饼干生意的同学，每天都有饼干吃。

当萧叶回忆起这些场景时，我邀请她进入过去的画面，感受一下那时的自己，思考当时的感受和想法。她表示，每当听到母亲因为钱而叹气，说没钱时，小时候的萧叶就会感到无助、痛苦，甚至有一种罪恶感，似乎是自己导致家里没钱的。同时，她因为无法改变什么而深感无助。但年幼的萧叶无法面对这么复杂的情感，于是选择用一层厚厚的壳把自己包裹起来，尽量避免去感受这些痛苦。她认为自己帮不上什么忙，这和她没什么关系。所以，她现在对待金钱的态度也如此，从不过问家里的财务状况，总觉得自己无法做什么，这和她没什么关系。因此，在金钱观念上，她既不去打理自己的资金，也不关心家庭的资金状况。

我邀请现在的萧叶与过去的萧叶进行对话，去拥抱过去的自己。这个过程持续了较长的时间，主要是与过去在金钱问题上受困的萧叶交流。看见即自由！在看清楚这些问题之后，她发现过去的自己之所以选择将自己包裹起来，不去关心金钱，是因为只有这样，年幼的她才能获得安全感，不必担忧金钱的问题。

完成这个过程后，我询问萧叶此刻的感受。她表示现在感觉自己非常有力量，而且觉得现在的自己和过去的自己更加完整、合一。

“怀抱着这种力量和一体感，你希望未来自己与金钱建立怎样的关系呢？”我问道。

“流动的掌控感”，萧叶脱口而出。她喜欢对事物有把握、掌控的感觉，但今天在掌控之前加入了“流动”这个词，她发现自己非常喜欢这个表述。

“成为金钱的主人，让金钱发挥最大价值，钱不再是限制或条件，而是动力。当自己和金钱建立这样的关系时，内心会更加坚定、视野更宽广，能看到周围的资源，拓宽自己的财富通道。”萧叶在电话那头温柔而坚定地说道。

财富通道这个说法也让我陷入了思考。过去，我认为只有工资才是收入来源。有一次，一个朋友分享了如何开启各种财富通道，例如通过自己的热爱赚钱，做直播、参加分销项目增加收入、理财、被动收入等。听了她的分享，我半信半疑地列出了一些自己可能拥有的财富通道，包括工资、版税、一对一教练、讲课费、线上培训营、理财等。写下这些时，我觉得这些通道似乎并不现实。但现在，这些财富通道都已经打通，它们正源源不断地将财富带给我。

当我们的对话即将结束时，萧叶对自己购物的行为有了一种更理性的看法。她认为自己仍然可以购物，但在未来消费时，只给自己买精品，而不是盲目地购买大量物品。之前，她甚至买回来的东西都不想拆包装，过几天便想要断舍离。如果未来每一次花钱都是为了满足内心的怦然心动，如梦寐以求的首饰和衣物，那么她会更加珍惜这些东西。此外，购买新物品时，最好能与已有物品搭配使用，以提高利用率。买少买精，在自己能力范围内购买高品质的物品。这看似是对物品的关爱，实际上是对生活和自己的热爱。

最后，我和她共同制订了关于金钱关系的近期行动计划。

放下有限的可见，看见无限的可能。有时，我们需要学会拓展财富思维，为财富敞开大门。

萧叶是我的长期客户，我们共同经历了个人成长的每个重要阶段。记得一年前，我给萧叶的教练话题主要围绕目标、计划、清单和任务，都是事物层面的内容。而这一年，我发现萧叶的教练话题逐渐转向了关系，包括与女儿、自己以及财富的关系。这让我看到了一个更加温柔、立体和丰富的萧叶。

每个人都拥有无尽的潜力。既然来到这个世界体验人生，我们就应该活出生命的多样性，那将是一件幸福的事情。

2.2.2　理财规划，不可忽视的自由条件之一

1. 你是怎么看待财富的

我们对财富的看法和态度，很大程度上受到家庭教育的影响。现在，请你安静地回答以下问题，填写你的第一反应：

- 钱是____________________
- 有钱就会__________________
- 有钱的人是_______________
- 如果我________，就会有更多的钱
- 我的家人认为钱是_______________
- 如果我有很多钱，我会____________

通过填写上述问题，你可能发现了一些有趣的想法和信念。那么接下来，我们可以进行更深入的思考：

- 看到你写下的内容，你有什么发现？
- 这些想法可能来自于哪里？
- 这些想法对你的生活和财富状况有何影响？
- 你希望如何替换原有的想法，并采取哪些行动来改变自己的态度？
- 当你替换了这些想法后，你有何感受？

以下是一个例子。

- 钱是一种交换媒介或货币，用于购买物品或服务。
- 有钱就会拥有更多的物质财富和享受更好的生活。
- 有钱的人是成功的、有魅力的、有权势的人。
- 如果我努力工作，就会有更多的钱。
- 我的家人认为钱是重要的，是一种能够提供安全感和幸福感的

资源。

- 如果我有很多钱，我会过上更加舒适和幸福的生活。

通过填空题的答案，我发现自己认为钱是一种很重要的资源，可以提升生活品质和幸福感。我也认为有钱的人更成功和有权势。这些想法可能来自我的家庭和社会文化的影响，以及我的个人经历。

这些想法可能会让我过度关注财富和物质的东西，而忽略了其他更加重要的价值和方面，如人际关系、身体健康、精神状态等。

我希望替换原有的填空，例如：

- 钱是一种资源，可以帮助我实现自己的梦想和目标。
- 有钱不一定意味着更加成功和有权势。
- 如果我关注自己的价值和贡献，我可以实现自己的财务目标。
- 我的家人认为金钱并不是最重要的，我们更注重家庭关系和生活质量。
- 如果我有足够的财富，我会为自己和其他人带来更多的幸福和益处。

当我替换这些填空内容后，我更加关注自己的内在价值和目标，而不是单纯地追求财富和物质的东西。这让我感到内心更加平静和满足。

我们的想法和信念可以影响我们的态度和行为，进而影响我们的财富状况。因此，我们要时刻保持积极的态度和开放的心态，尝试去理解和改变自己对财富的看法和态度。

2. 从他人的反馈中发现自己的财富模式

“你太爱钱了！”有一次，当我先生这样对我说时，我非常生气。我觉得自己并不过分热爱金钱，只是在尽职尽责地工作，赚取应得的收入。我以为他在对我评头论足。然而，这句话逐渐深入我的内心，让我开始关注自己的财富模式。

在过年回家期间，通过父母的言谈，我发现了他们的财富模式，并看到了自己同样的模式。模式最可怕的地方在于，你身处其中，以为整个世界都是如此运作的。实际上，这只是你的世界，只是你并未意识到而已。

有一次我回家探亲，下了火车后还有 60 公里，我打车回家，坐上车我告诉妈妈这件事时，她立刻问我："打车花了多少钱？"回到家后，提到昨天讲课，妈妈听后又问："这次讲课赚钱了吗？"张口闭口都是钱，谈论钱财成了家常便饭。我突然理解了为什么先生说我爱钱，因为在妈妈身上，我看到了自己的影子。有几次我发现，当别人得到一件非常好的东西时，我的第一反应往往是问："这个多少钱？"这些深藏在潜意识里的想法，如果没有意识到，根本无法觉察。

这种觉察和看见非常重要，它为我们提供了在财富模式中突破的机会，享受财富能量的流动，并让财富为我们服务。我们可以带着喜悦去消费，带着越花越赚的信念让财富流动。

如何看待财富，背后代表着我们与财富的关系，以及通过财富所要表达的价值。例如，有些人认为赚钱是辛苦的，如果轻而易举就赚到的钱一定是来路不正的。这样的信念背后，他们往往只能赚到辛苦钱；还有些人从小就饭来张口、衣来伸手，因此认为自己没有赚钱的能力，对自己产生怀疑。还有一些女性认为男人有钱就变坏，这个信念背后就是害怕自己的爱人有钱，因为担心有钱会改变他们。这样，在意识层面上，她们希望爱人赚更多的钱，但潜意识却阻碍对方赚更多的钱，比如爱人加班就会担心，爱人经常出差也会产生怀疑等。

财富观是内在个人价值的体现，每个人都拥有无限的资源，但拥有和体验是两回事。例如，我拥有驾照，但我从未体验过开车的乐趣。拥有不等于体验，而体验了才是属于我们自己的。这也就像有人说不必去西藏，看西藏的美图就足够了。但如果我们没有切身体验，就不能说这些美景真正属于我们。**拥有和体验是两回事。**

我是一个对物质要求不高的人。除了出去上课的培训费是我每年的大笔开支，其他的不多。我对名牌包包和衣服都不怎么感兴趣，不上课的时候，我喜欢穿舒服简单的衣服，在家穿居家服，出门穿运动服。我曾担心自己不花钱是不是很小气，后来慢慢观察自己，发现不是这样的，而是因为觉得这些对我不重要，所以觉得浪费时间。如果是朋友推荐的，又是我喜欢的东西，我通常都会毫不犹豫地买下来。给家人和孩子买东西也是如此。

所以，是时候好好审视一下你和财富的关系了。你对财富有什么样的信念？通过与你的财富对话，让财富为你服务，体现财富的价值，拥有富足和自在的生活。

在此，分享一下《创造金钱》一书中关于财富关系的积极信念。

- 我的存款就像磁铁为我吸引更多的财富。
- 我的金钱是为自己和他人带来美好的源头。
- 任何我送他人的，都是我送自己的礼物，因为我付出什么，就会收到什么。
- 我花的每一分钱都增加了社会的财富，它会倍增之后回到我身边。
- 我允许自己拥有的比梦想的更多。
- 我用喜悦、活力和爱自己，创造金钱与丰盛。

3. 结合你的人生规划和目标规划财富

我们的人生规划和目标规划需要综合考虑物质、情感和精神三个方面，因此在管理财富时也需要注重这些方面的平衡和协调。作为自己的人生教练，我们需要反思和调整自己的财富观念和模式，以达成目标并实现内心的平和。

我们常说“问题的背后是目标”，人们对财富的困惑往往源于财富与目标之间的冲突。例如，有人渴望拥有一座海边的大房子，却因资金不足而感到困扰；有的企业家在面临扩张时，犹豫是否押上全部家当，还是留一手以应对不测；有的人一直过着月光族的生活，但当有了孩子后，希望给予孩子最好的教育和生活，却发现支出急剧增加，无法承受。

当我们面对这些财富与目标之间的冲突时，不仅需要审视自己的价值观和生活方式，还需要对自己的财富进行合理规划，我们需要从目标出发来思考，财富如何为我们所用。我们可以思考以下问题：

- 我的阶段目标和长期愿景是什么？
- 为了支持阶段性目标，我需要多少财富？
- 为了长期愿景，我还需要多少财富？
- 我有哪些开源的渠道？
- 如何分配现有的财富？
- 我该如何做到这些？

接下来，我们需要将想法变成具体行动。我们需要考虑以下问题：

- 如何调整限制性的财富观念？
- 规划自己应该赚多少钱，如何使用这些钱？
- 有哪些可能收入来源？
- 如何开源节流，需要付出什么代价？
- 跟配偶如何分工合作？
- 如何控制自己的购物欲望？
- 假如接下来你开启一个关于使用金钱的行动计划持续 21 天，你会怎么开始呢？

通过这些行动，我们可以逐步改善自己的财富观念和模式，实现自己的目标，并创造更加丰富、充实的人生。

4．你不理财，财不理你

关于理财，很多人有一个错误的观点，觉得有钱才需要理财，没钱理什么财？投资更是有钱人的游戏，普通人无须过多关注，这也是我过去的一个观点。但在十几年前，我被一个同事影响，当时她说："即使你只有 1 万元，如果你进行理财，一年就可能收入 300 元，这 300 元至少能负担你一年的水费。总比没有强啊！"我当时被她这个形象的例子打动，就开始了自己的理财之旅。通过这几年持续理财，我认为理财是每个普通人的必修课。

投资不像我们想象的那么难，只需要注意以下三点：

- 应当把钱投在安全的地方。
- 我们的钱应该生出很多"金蛋"。
- 我们的投资必须简单易懂。

回顾自己的投资经验，我发现确实符合以上三点。投资不是只有有钱人才会做的事情，投资是每个人都可以进行的。

我们需要重新看待理财这件事，并持续地进行下去。这样做会让我们发现拥有理财意识会带来很多好处。

现在养老是一个很重要的话题，但并非所有人都会关注。如果从理财的角度来看待我们的养老，那么我们会提前做好规划。养老问题不是在我们老了的时候才开始思考的，而是现在就需要尽早筹划。越早考虑，想得越清楚，人生就会更加踏实。

我们通过财富的流动与这个世界互动。

这个世界看起来就像一大池的能量"汤"，是一片不停流动的能量之海。因此，你的微笑能改变整个世界，而你的愤怒也能改变整个世界。你对待财富的态度，背后是你和世界的关系。听起来很夸张，但你的世界不就是你看到的世界吗？如果没有你的观察，没有你和财富的互动，这个世界还会存在吗？

物质富裕是一种存在状态。我们此刻就拥有富裕的状态。回顾历史，现在的每个人相较于远古时代的人已经富裕了许多倍，但我们体验到的幸福却并没有比他们多。这是因为我们忘了**富裕是我们内在的状态，富裕是一个决定。此刻，我们就可以体验到自己的富裕状态，带着喜悦的心情，让财富的能量流动起来。**

2.3　习惯养成

2.3.1　养成好习惯背后的三个秘密

公众号主理人黎贝卡每天都在写作，很多人问她如何应对灵感枯竭，她表示自己的**写作并不依赖灵感，而是靠习惯**。

许多人都羡慕我拥有一些好习惯，如读书、跑步、写作，他们想知道我是如何培养这些好习惯的。我仔细思考了一下，发现确实有一些方法。

1. 什么是习惯

习惯是一种常见的行为方式，是一个人以规律重复的方式去做事。习惯就是不需要思考就可以执行的事情。

2. 为什么习惯很重要

培养好习惯可以让事情变得简单和轻松，就像刷牙，每天都会自然而然地去做，而不需要思考。纠结于一件事情会消耗大量的精力。

习惯是一种设置，让你只需执行，一段时间后就会自然而然地取得成果。当习惯养成后，尽管他人看你可能觉得很累，但对你来说却已经像洗脸、刷牙一样自然。

我们在做一件事情的时候，需要动力和运用意志力。当我们的动力足够强大时，消耗的意志力就会更少。如果动力不足，就需要耗费大量的意志力。一个人一直能拥有强大的动力吗？我们都知道这很难实现，所以有时动力并不是很可靠。在这种情况下，最好的方法就是不依赖动力，也不需要消耗太多的意志力就能完成任务，即拥有良好的习惯。

3. 如何培养好习惯

下面分享我亲身实践的三个方法。

第一个方法是**让未来现在就来**。当你想培养一个好习惯时，首先要问自己：为什么要养成这个好习惯？养成这个好习惯后你将变成什么样的自己？假如这个习惯已经形成，你此刻会看到什么？听到什么？你内心会有什么样的感受？这些好习惯还会让谁受益？

这就像走在一条时间线上，过去、现在、未来，我们现在已经成为过去想要成为或者不想成为的自己，但未来我们想要变成什么样的人呢？通过设想未来愿景，激发内在动力，让习惯变得令人愉悦。

例如，当我想写这本书时，我会先想象这本书出版后的情景：我和我的合作者一起为大家签名售书。

我会听到人们如何评价我，会听到他们告诉我们这本书给他们带来了怎样的积极变化。

那时的我会有什么感受？我会感到快乐和幸福。

当我们将自己置身于未来成功的场景中时，我能感受到怦然心动的未来带给我的内在动力，于是我决定每天至少写500字，并将其变成习惯。

第二个方法是**善于运用情绪能量。**

习惯是多巴胺反馈回路的一部分。

想想为什么我们如此喜欢追剧、玩游戏？因为它们带给我们快乐！在培养一个习惯的过程中，如果你能一直体验到快乐，那么这个习惯肯定能养成。

此外，还要结合第一条——设想成功的情景，因为多巴胺的分泌不仅发生在你成功的时候，而是在期待成功的过程中就已经开始分泌了。

快乐情绪背后的信息就是“再来一次”，所以要善于运用“再来一次”的秘密。

第三个方法是**采取一小步行动**。

慢慢走，会走得更快！稳步前进，绝不后退。

习惯的形成是基于频率而非时长的，所以想要养成习惯，就需要不断重复。

任何习惯都可以转化为 2 分钟的行动。例如：

每晚睡前阅读，变成读一页书。

做 30 分钟瑜伽，变成铺好瑜伽垫坐在上面进行三次深呼吸。

复习功课，变成翻开笔记本看一页。

整理衣物，变成叠好一双袜子。

跑 3 公里，变成穿上跑步鞋，到外面站一会儿。

以上就是我养成习惯的三个方法。此外，寻找志同道合的社群，互相表扬和鼓励，也非常重要。通过运用这些方法，我养成了每天跑步 3 公里、每天写 500 字、每天冥想等习惯。其他的习惯还包括阅读、分享和输出等。

让我们一起培养好习惯，让好习惯为我们服务，轻松地实现快乐和富足。

2.3.2　她是如何养成写作习惯的

爱芬从未认为自己是一个擅长写作的人。尽管如此，她仍未放弃写作。这源于她对写作的热爱，通过书写让情感流动，智慧结晶，成果落地。

在这个过程中，爱芬养成了写作习惯，已经有十多年了。这个过程经历了以下三个阶段。

第一个阶段：只为自己书写。

跟随内心的情感自由流淌，自由地书写，就像是在进行自由创作。

2014 年，爱芬开始发表自己的第一篇公众号文章。在过去的 8 年里，她发表了 490 篇文章，并出版了《与负面情绪握手言和》以及与云鹏共同出版的《教练式沟通：简单、高效、可复制的赋能方法》。记得初次写文章时，阅读量仅为个位数，但爱芬依然充满热情地写下去。因为那时的她是为自己而写，所以并没有关注阅读量。然而，在开始收到反馈之后，她的粉丝量迅速攀升。

于是，爱芬进入了写作的第二个阶段：支持和自己一样的人，寻找同频的伙伴。

当爱芬发表了一篇关于情商和自我成长类的文章时，她发现自己可以帮助和自己一样的人。那种自助又助人的感觉让她倍感欣慰。读者的反馈如同滋养一般，激发了她继续写作的动力。最让爱芬感到兴奋的是，出版社通过公众号文章找到了她，并邀请她出版一本书。于是，她人生中的第一本书诞生了。

然而，这时的爱芬陷入了困惑。当她开始关注如何写作时，却发现自己不会写作了。记得在第一本书出版后，她参加了两个写作班。上完课之后，她觉得自己更加不会写作了。

更糟糕的是，当她越关注自己的粉丝量时，越担心掉粉，越不知道写什么，感觉有些失去了自我。爱芬陷入了一种“邯郸学步”的状态，陷入了困境。

经过一段时间的停滞，爱芬重新找回了写作的初心，回想起当初为什么要写作。她意识到自己是一个无法欺骗自己的人，因此写作必须首先为了自己，然后才是为了他人。重新找回写作热情的爱芬，开始按照自己的兴趣来写作。当她回归初心，放下包袱、人设，甚至放下粉丝时，进入了写作的第三个阶段——塑造自己的风格。

第三个阶段，塑造自己的风格。

在情商类文章中，爱芬会先分享一个真实的故事，这个故事可以是她自己的，也可以是身边人的。然后，她会通过这个故事为大家提供一个解决方案。

如何能让自己持续写作呢？

爱芬分享了一个小秘密：除了自律，还有**他律**。这也是一个很好的方法。她们有一个 6 人的写作群，每个月向群主支付 400 元红包。每天至少写 500 字，一周完成后，红包退还；若未完成，则不退还红包。

热情地写，冷静地删。

在写作过程中，让自己的情感流动，自由书写。随着写作的进行，逐渐形成自己的风格和架构。若希望作品更加精练，可以在后期慢慢删减。

获取外界的积极反馈。

我们可以不在意粉丝流失，以免影响写作动力。但我们可以寻找志同道合的人，互相鼓励、点赞。同时，有许多通过阅读你的文字受到启发和鼓舞的人，他们给你的反馈就像滋养一般，是你前进路上的加油站和动力。

2.3.3　用行为设计帮你养成良好习惯

新年伊始，我们都满怀希望地设定目标：瘦身、锻炼、读书、学外语、陪伴家人、写作等。然而，从“想做”到“做”之间往往有一个巨大的鸿沟。其实，我们可以通过行为设计，让自己更容易开始，并持续下去。

1. 从细微之处开始

正如老子《道德经》所言：**“天下难事，必作于易；天下大事，必作于细。”**

我们的改变恰恰来自于一些微小行为的积累。斯坦福大学教授 B.J. 福格（B.J.Fogg）提出了一套行为设计的方法（详见其著作《福格行为模型》），以下是基于福格方法论强调从细微处改变的五个原因。

第一，利用碎片时间。

我的一位学员说，她爱好跑步，还跑过几次马拉松。但自从入职新公司，每天早上 6 点起床，晚上 10 点回家，连锻炼的时间都没有。当我们忙碌于工作和生活，拥有大块的自由时间更是变得奢侈。

养成微习惯只需花费短短的时间，而且很容易将其融入日常，将其变成习惯后，就会自然而然地带来改变。

第二，可以立刻开始。

大家可能听过这个段子：

一个人问某成功人士："出来混最重要的是什么？"

成功人士说："最重要的是'先出来'。"

设定的目标太大，容易导致行动迟滞。梦想再远大，不行动就什么都不会发生，而微行为能让你马上行动。比如，微行为"每天午饭后回到办公位，先站立 2 分钟"（目标：多运动），"每天午餐先吃 10 口蔬菜"（目标：健康饮食），"每天早上起床，立刻说'今天又是美好的一天'"（目标：增加活力）。

第三，无须担心失败。

首先，微行为易于实现，成功的概率大大提高。云鹏刚开始写作时，当时的领导建议每天写 2000 字，云鹏觉得太难，但写 500 字可以，于是一直写下来。所以，我们的行为一定要简单，自己能做到。

其次，坚持简单的、自己愿意做的行为，将带来更好的效果。比如，爱芬喜欢做瑜伽，云鹏更愿意跑步，所以各自选择自己喜欢的运动，都能达到锻炼效果。

最后，我们可以默默地做，就不用担心他人评判。

第四，产生累加效应。

云鹏曾觉得写书的目标遥不可及，但自从每天坚持写 500 字，一年下来积累了几十万字，用三年的时间和爱芬出版了第一本书《教练式沟通：简单、高效、可复制的赋能方法》，又积累了三年写出本书。微小的行为累积起来，将产生惊人的成就。

第五，不用依赖动机或意志力。

运行习惯对大脑来说非常节能，将微行为变成习惯后，你无须额外的动机或意志力就能轻松执行。

动机和意志力都是不稳定的，而且很容易耗尽。切普·希思（Chip Heath）和丹·希思（Dan Heath）在《改变》（*Switch*）一书中提到，成功的改变策略应该避免过度依赖动机和意志力，而是通过寻找可以简化改变过程的方法。

例如，如果你想养成健康的饮食习惯，那么可以尝试将健康的食物放在显眼的位置上，并且将不健康的食物藏起来。这样，你在选择食物时自然而然地会选择更健康的选项，而无须消耗意志力去抵抗诱惑。同样，设定一些微习惯，如每顿饭前吃一些蔬菜，也可以帮助我们养成健康的饮食习惯，而不需要依赖动机。

在实现目标的过程中，关键是找到一种平衡，让自己既能够享受过程，又能实现长期的改变。行为设计通过微小改变帮助我们养成良好的习惯。不要被宏伟的目标吓倒，从细微之处开始，让每一个小行动汇聚成改变的洪流。如同切普·希思和丹·希思在《改变》中所强调的：“改变并不总是艰巨的，我们只需要找到正确的方法。”

2. 行为产生的要素

福格行为模型（B=MAP）强调了动机（Motivation）、能力（Ability）和提示（Prompt）三个关键要素在驱动我们的行为中所起的作用（**行为发生于动机、能力和提示同时存在的时刻**）。为了更好地理解这个模型（见

图 2-1），我们可以通过以下示例探讨这三个要素在不同情境下的相互作用。

A 情况：动机强，能力弱

比如你想减肥，动机超强，可是因为工作，中午和晚上经常有应酬，摄入热量常常超标，尽管你有很强烈的动机实现目标，但由于缺乏实现目标所需的能力，你可能会感到挫败和沮丧。在这种情况下，提高能力是关键。你可以尝试寻找资源或支持，以增强自己实现目标的能力。

B 情况：能力强，动机弱

比如整理、打扫房间，对有些人来说很简单，但是他们没有动机，他们觉得做这些事情浪费时间，所以他们不去做。

当你具备实现目标所需的能力，但缺乏动机时，关键是找到激励自己的方法。你可以尝试设定短期目标和奖励，以提高自己的动机。此外，了解自己的核心价值观和目标是如何与这个行为相关联的，也有助于提高动机。

对于 C 这种动机和能力双低的情况，比如攀登珠穆朗玛峰，对很多人来说就是更不可能的。

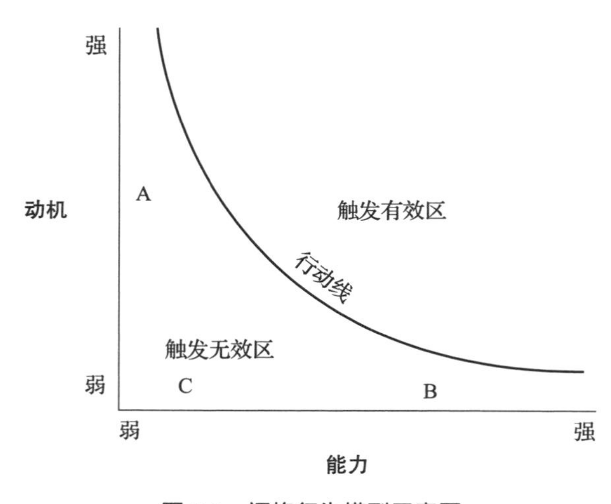

图 2-1　福格行为模型示意图

所以，你会发现，只要你的处境低于行动线，那么，行动就不会发生。动机与能力应如同一对默契无间的搭档，共同努力。

此外，若没有提示，行为也难以产生。

有些人在家里基本不抽烟，因为家人坚决反对在家中抽烟，香烟只能被藏匿于柜子深处。然而，在社交场合，有人一递烟，他们就会放下抵抗，尽情地吞云吐雾。对烟民来说，别人递烟便是提示。他们在家翻柜子，一旦瞥见烟草，便会触发吸烟的冲动。此时，他们需要采取“看见柜子里的烟，立马关上柜门”的执行意图来控制自己。

酗酒之人家中酒水成堆。因此，要想戒酒，第一步便是调整环境，果断地将家中所有的酒清理出去。

与其被提示引发欲望，再依靠自制力约束行为，不如避免看到让人动心的提示，或者设置一个新的提示，引导自己形成更好的行为习惯。

我们常说一个人如同一座冰山，水面之上是能力和行为，水面之下则包含了价值观、社会角色认知和个性特质等要素，水面下的部分更为重要。然而，水面上的部分同样会影响到水面下的部分，也就是说，行为会改变一个人的自我认知。

就像爱芬，她总说自己缺乏自律，然而她每天早上 5 点钟起床练习瑜伽，坚持写作、冥想、阅读。这样的她，无疑是一个自律的人。

3．如何设计行为

设计行为的过程共分为七个步骤。

第一步，明确愿望，即确定自己追求的到底是什么。多问自己：“我究竟想要什么？”例如，减肥并非真正的愿望，而拥有更多活力、更轻盈的身姿才是愿望。愿望的描述应具有普适性，是积极向上、抽象的表述。

第二步，探索行为选项。我们可以利用行为集群（见图 2-2），通过头脑风暴尽可能多地列出可选择行为。

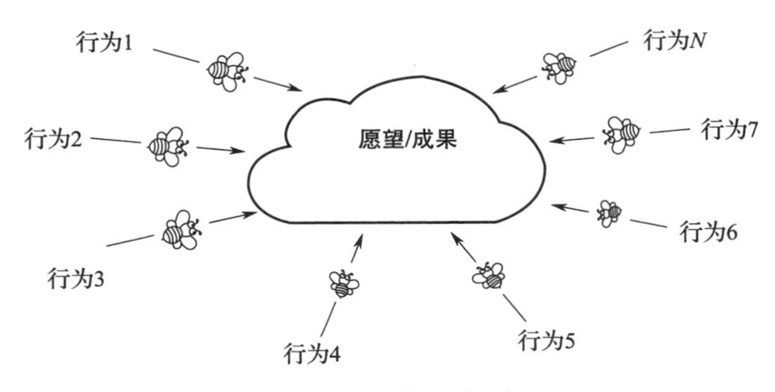

图 2-2　行为集群示意图

例如，每周锻炼三次，每次 30 分钟；冰箱里只存放蔬菜和新鲜肉类，清除高热量零食；每周最多外出用餐一次；聚餐时，保持平常的蔬菜和蛋白质摄入量；每天 23 点之前入睡等。你可能会列出 20~30 个行为，其中一些是一次性的，如设置手机闹钟、开设理财账户，另一些可能是需要重复的行为，如每周一、三、五跑步。

第三步，为自己匹配具体行为。我们可以使用焦点地图挑选黄金行为。如图 2-3 所示，焦点地图分为四个象限，纵坐标表示行为对愿望或结果的影响程度，横坐标表示行为是否易于实现。实际上，行为可行包括两个方面：一是能力足够；二是愿意去做。即使你有能力做某事，但不愿意去做，也不能算作易于实现（福格原则一：帮助人们做他们想做的）。

以减肥为例，瑜伽对此影响较小，你可能会是个柔软的胖子；同时，由于你的柔韧性较差，瑜伽对你来说并不易实现。然而，如果你追求身体健康，跑步对你来说既具有较高的影响度，又易于实现，因此跑步便是你的黄金行为。

值得一提的是，不要凭猜测确定行为，也不要从网络上寻找灵感或照搬朋友的行为。一个人的黄金行为对另一个人来说可能并非如此，所以我们必须选择适合自己的个性化行为，并通过实践最终确定自己的黄金行为。

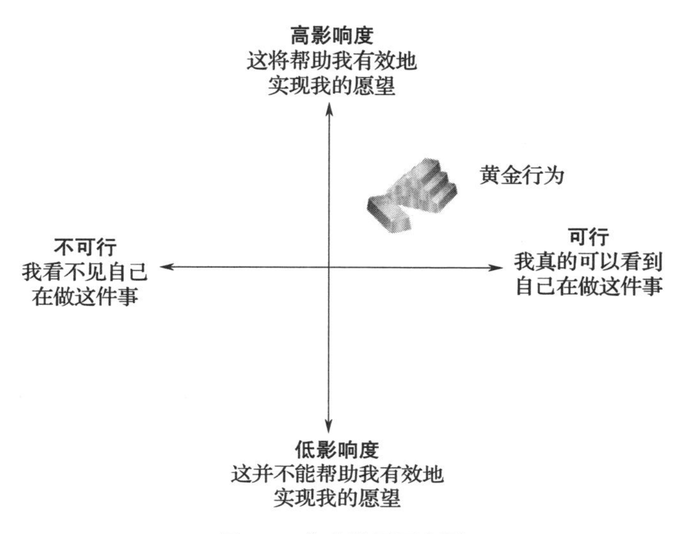

图 2-3　焦点地图示意图

第四步，从微习惯开始。杜老师是众所周知的教学高手。有一次，公司外请职业培训师（Training the Trainer to Train，TTT）培训，培训师讲到步法，指出我们要边走边讲，走到学员面前。然后，培训师让我们进行相关训练，杜老师尝试边走边讲，他步法对了，讲述却卡壳了。这是因为学习新技能时，我们的大脑工作记忆容量（你可以将其想象为电脑内存）有限。优秀的老师讲课时，课程的内容几乎不占用内存，因为已经十分熟悉。内存主要用于关注学员的反应。如果需要分出一部分内存去注意自己的步法，那么思维就会跟不上。因此，如果想改掉自己的口头禅或训练步法，就必须在私下进行反复练习，使其变成习惯，才能自然而然地做到。

也就是说，要确保我们有足够的能力去实现。

能力可以分为以下五个方面：时间、资金、体力、脑力、日程。微习惯的特点是：耗时短（可能仅需几十秒）、花费少、省力、不费脑（可运用执行意图的方法）、轻松嵌入日常日程。

这五项要素的考量因人而异，云鹏对瑜伽的能力较低，爱芬则能力较高，所以每个人都需要了解自己，找到最适合自己的微行为。

有时，一个人在尝试新行为时，可能会发现自己时而能做到，时而不能。即便如此，也无须自责，因为拥有积极的情绪才有利于改变。最低要求是确保完成入门步骤。

第五步，找到对的提示。在日常生活中，许多提示会影响我们的行为。有时，这些提示会帮助我们采取积极的行动，如闹钟提醒我们早起。然而，有些提示可能会让我们做出不利的决策，例如在追求健康饮食期间，因为肚子饿看到一块巧克力派就想吃掉它。为了更好地实现目标，我们需要找到对的提示，并学会利用它们。

识别提示：我们要了解生活中可能存在的各种提示。这可能包括人物提示（内在感受和记忆）、情境提示（如环境中的物品或他人的行为）和行动提示（如正在进行的行为）。人物提示不太可靠，因为人们会忽略身体感觉；情境提示是有用的，比如运动鞋放在门口，清单贴在冰箱上，但如果设置太多情境提示，我们反而会忽视它们；行动提示的效果最好，比如使用牙线在刷牙“放下牙缸”之后，写作发生在早上“打开电脑”之后。

选择合适的提示：根据自己的需求和目标，选择合适的提示。例如，如果想早起，可以将闹钟设定为早晨的特定时间；如果追求健康饮食，可以将健康食品放在显眼位置，避免在家中存放高热量食物。

利用提示：在确定合适的提示后，我们要学会利用这些提示来引导自己采取正确的行动。例如，可以通过设置提醒或者向朋友求助来保持锻炼计划的进行。

剔除不良提示：在生活中，我们要学会剔除那些可能导致不利决策的提示。例如，在减肥期间，应尽量避免接触高热量食物，从而更好地实现减肥目标。

没有提示，行为不会发生。通过找到对的提示并善于利用它们，我们能更有效地实现目标，养成有益的习惯。同时，学会剔除不良提示，避免因错误的诱导而做出不利决策，从而更好地保持健康、快乐的生活。

第六步，庆祝成功，排除障碍。一个微行为包括三个步骤，用 ABC 来表示。

A 即锚点时刻（Anchor），是提示你需要做新行为的时刻。

B 即行为（Behavior），就是你要做的一个新行为。

C 即庆祝（Celebration），就是你通过一个动作、一句话对自己做一个肯定。

譬如：

A：当我刷完牙，把牙缸挂在墙上。

B：拿出牙线清洁牙齿。

C：我对着镜子呲牙一笑，说“哇，真干净”。

庆祝成功是实现目标的重要步骤。当我们完成一个新行为时，应当给自己一个肯定和鼓励，让大脑产生积极情绪，这是一种积极的即时反馈，会让你对新行为带有一个积极的期望，为下一次的尝试提供动力。同时，我们要关注在实现新行为过程中遇到的障碍，分析原因，找到解决方法，以便更顺利地达成目标。

重视庆祝：庆祝成功对于习惯养成非常重要。它能够激发积极情绪，让我们更喜欢新行为，并愿意继续尝试。此外，庆祝也是一种自我激励，有助于我们保持前进的动力。

排除障碍：在实现新行为的过程中，难免会遇到一些障碍。这时，我们需要分析问题，思考解决方法，以便更好地实现目标。可能需要调整黄金行为的设置，找到更合适的锚点，或者进一步缩小行为规模。

宽容自己：在形成新习惯的过程中，我们可能会出现一些失误，如忘记做新行为或者做得不够好。这时，我们无须责怪自己，而应该保持积极的心态，相信自己能够克服困难，继续前进。

保持耐心：习惯养成需要时间，尤其是一些复杂的行为。我们要有耐心，坚持不懈，相信随着时间的推移，我们会越来越接近目标。

总之，通过庆祝成功和排除障碍，我们可以更好地实现目标，养成新习惯。与此同时，我们要学会善待自己，鼓励自己，相信自己，最终实现自己的目标。

第七步，重复和扩展。在习惯养成过程中，不断重复和扩展已经形成的习惯是关键。从简单的一小步开始，习惯会逐渐巩固。在这个过程中，自信心和动力也会增强，我们就会越来越享受改变。你可能会找到自己的改变方法论，帮你完成更加困难的行为。

在这个过程中，我们应该注意以下三点。

第一，保持耐心：像照顾树苗一样，耐心地对待新习惯的形成，不要给自己太大的压力。相信改变是必然的，你可以创造自己的改变。改变需要循序渐进，让小改变带来大改变，产生滚雪球效应。

第二，多认可，少批评：对自己的进步给予肯定，即使有时未能达成目标或出现退步，也要原谅自己，关注如何在下次做得更好。

第三，锚定身份：将自己想成为的身份锚定在潜意识中，可以通过教练，用“基于价值观的自我形象”或“愿景描述”等方式实现，用“我现在是……（你希望的身份）的人”来描述自己。

改变靠流程步骤，不是靠规则和意志力。把行为改变当成一种必杀技，要像学习游泳、打网球一样，刚开始可能是胡乱摸索，逐渐地，你就会找到门道，从小白到精通，你会成为自己想成为的人。

此外，行为契约法是一个值得尝试的方法（具体内容可以参见《做守信的家长，培养自律的孩子》一书），特别适用于改变孩子的行为。这种方法包括目标、激励和执行三个步骤，可以帮助家长和孩子共同成长，提高亲子关系质量，培养孩子的自律习惯和契约精神。

“冰冻三尺非一日之寒”，通过重复和扩展已经形成的习惯，以及尝试不同的方法，我们可以逐渐找到最适合自己的改变策略，从而实现目标。在这个过程中，我们可以自主地塑造未来的自己，并享受改变带来的满足感。从小改变开始，让复利效应逐渐积累，我们可以实现更大的改变，就让我们从改变一切的小改变开始吧。

要点

1. 精力管理：你需要对自己的精力负责，精力管理涉及体能、情感、思维和意志，你需要自律地从长远和短期的时间安排上考虑四个方面的整体平衡，使用清单来管理自己的重要事项，并通过执行意图养成良好的习惯。

自我教练提问：

1）我在哪些方面最容易消耗自己的精力？

2）我在哪些方面比较自律，是如何做到的？

3）未来一年，我要聚焦的10件大事是什么？其中最重要的3件是什么？

2. 财富规划：投资并非只有富人才会做的事情，每个人都可以进行投资。处理好自己与财富的关系，开启自己的财富通道。除了工资，思考在哪些方面还可以获得收入。

自我教练提问：

1）如果把财富看作一个人，我会如何描述这个人？

2）当我花钱时，我的内心状态是什么样的？

3）我还可以拓展哪些财富通道？

3. 习惯养成：改变源于习惯。养成良好的习惯能让事情变得简单和轻松。习惯来自设计，你通过行为设计帮助自己建立好习惯，摆脱坏习惯。

自我教练提问:

1）截至目前，仍在给我带来益处的习惯有哪些?

2）我想养成哪些新习惯?

3）这个习惯对我的人生有什么意义?会帮助我成为什么样的人?

第 2 篇

穿越恐惧，一切都是最好的安排

成为自己的人生教练

人害怕面对课题并不是因为没有能力。阿德勒心理学认为这不是能力问题，纯粹是“缺乏直面课题的‘勇气’”。

——岸见一郎《被讨厌的勇气》

成为自己的人生教练

第 3 章

勇气：穿越内心的恐惧

勇气，就是在压力下展现优雅。

——欧内斯特·海明威（Ernest Hemingway）

3.1 破除限制

3.1.1 我不敢和优秀的人接近

小凤积极向上，热衷于成长，每天都有许多打卡任务，如读书、健身、写作等，因此显得非常忙碌。她喜欢与优秀的人为伍，但她发现自己总是沿用一种模式：试图接近她认为优秀的人，希望他们能提携自己。然而，她发现这些人时间宝贵，比她还忙碌，而且作为成年人，他们不会特意照顾她。她认为自己不够努力，于是更努力地表现自己，甚至讨好别人，试图获得他们的认可。但结果并没有让她获得期望的关注。之后，她会非常生气，通常是对自己生气，觉得自己太差劲、不够好。因为内心极度厌恶自己的不足，最后会疏远那些曾经想要靠近的人，再也不想见到他们。

小凤小时候每次做错事，都希望妈妈能告诉她正确的方式，但妈妈却让她自己反思。作为孩子的她，即使她认真反思也得不出结果，但为了避免妈妈责骂，她每次都以承认错误收场。然而，她的内心充满愤怒，不想看到妈妈。

小凤应该如何打破这种模式呢？

首先，我们可以分析小凤模式背后的想法、感受和行动。

想法：如果我和优秀的人在一起，他们会嫌弃我，因为他们会认为我不够努力、不靠谱，对我失望。

感受：担心、害怕。

行动：自责、回避。

模式：每当我认为优秀的人会嫌弃我时，我就会感到担心，然后责怪自己不够好，最后疏远那些本想靠近的优秀人士。

这像一个循环：她渴望每天忙碌、各种打卡、接近优秀的人、成为优秀的人，但这让她身体疲惫、心情烦躁，最终与这些人不欢而散。

那么，如何摆脱这种模式呢？

小凤过于努力，却忽略了关注身体的需求。首先，她需要放松身体，给自己休息和调整的时间。她可以多花一些时间来感受自己的身体，进行放松，最好在大自然中放松。

此外，她可以尝试从旁观者的视角观察自己。回想最近一次的类似事件，想象旁边有一台摄像机在拍摄。在那次冲突中，摄像机看到了什么？听到了什么？尝试不带情感地观察事实。小凤以为别人嫌弃她，实际情况真的如此吗？通过摄像机视角，她发现对方并无此意，反而是很想与她正式沟通。

接着，从对方的视角观察，站在对方的立场会注意到什么？小凤意识到，对方确实想要解决问题，从而支持她。

最后，从一个更大的抽离视角看待这件事，假设十年后回顾这件事，会有什么看法？

通过这个视角，小凤意识到这些人对她很重要。她选择和这些优秀的人在一起，但要做真实的自己，真实地表达自己的感受，而非为了吸引注意而讨好他们。

通过这样的视角转换，小凤了解了自己的局限，并打破了原有的模式。

小凤发现，问题并非她不敢靠近优秀的人，而是她内心渴望成为优秀的人，却害怕在这个过程中不被认可，害怕自己不够优秀。她通过转换视角意识到问题并非他人不认可她，而是她不认可自己。

后来，小凤断舍离了一些无益的社群打卡，保留了那些对她真正有支持的活动。她每天都花一些时间与自己相处，与身体保持联结，让身体感受到放松。与优秀的人在一起时，她学会了真实地表达当下的感受，敢于表达自己的需求，得到了大家的认可。她发现自己越来越轻松、合一，越来越多地感受到生命的丰盛和喜悦。

3.1.2　想要表现出我很重要，恰恰是因为你认为你不重要

有位女性向我诉说："自己特别敏感，每当别人哪怕出于好心指出自己的缺点，自己都会瞬间把脸拉下来，表现出气急败坏的样子，从而导致与周围人的关系变差。"

这位女性并非敏感，而是在深层次上无法接纳自己。

当我们无法接纳自己的某些方面，别人提及时，我们下意识觉得原本想要隐藏的东西竟然被人发现了，会觉得对方是在与自己作对，因而无法接受，变得气急败坏。例如，一个人脸上有块疤，聊天时，别人无意间提到另一个人脸上的疤痕看起来不好看，这时脸上有疤的人会生气，以为在说她。但若她内心接受自己的疤痕，她就不会对别人这样的话有如此强烈的反应。

因此，在很多情况下，当我们无法接纳自己，却觉得自己很重要时，就容易受到外界事物的影响。

小芳最近就遇到了这样的问题。

小芳特别看重公平，每当她觉得自己受到不公平对待时，她都会感

到很委屈和生气。于是，她请我做她的教练。当我问她："公平是指什么呢？"小芳便提到最近的几件事情，当被人拿来作比较时，当自己的付出没有得到认可时，她便会觉得不公平。我接着问："公平了又能如何？"她回答："公平了就能显示出我很重要。"说着，小芳笑了。

我注意到小芳笑了，于是询问她为何在谈论这件事时笑了。小芳说："越是想让别人觉得自己很重要，其实内心越是脆弱。"就像一个不知道如何解决问题，只会用发火吓唬别人的愚蠢行为。

正如你所见，当我们需要别人认为自己很重要时，恰恰暴露出内心的无力和匮乏，就像小芳那样。

我又问小芳："过去什么时候不需要显示自己很重要，却传递了'我很重要'的信息呢？"

小芳回忆起有一次做公益项目，她在一个贫困县为800多名高中生分享如何管理情绪、缓解压力。那天，她带着800人在会场进行了一次时间穿越，而这个想法是临时想到的。当时的小芳并未关注自己是否重要、是否优秀、是否比别人好。那一刻，她内心宁静，头脑中没有嘈杂声音，只是与大家一起进行冥想。现在回想起来，当时800人的会场非常安静、平和，如果那时有一根针掉在地上，恐怕都能听到。最重要的是，在那一刻，小芳根本没想过自己有多么重要，脑海中一片清明，完全沉浸在当下。

正因为这种安静与沉浸在当下，那天她传递了真正的价值，给在场的孩子们提供了支持。一年后，她还收到了当时的同学写给她的感谢信。

正是因为没有刻意彰显自己的重要性，她才传递了真正的价值。

我继续问道："那个看到你在那一刻安静的你又是谁呢？"

小芳回答："那是一个站在更大视角看待生命长河的自己，当下发生的这些让自己纠结的事情其实只是一个点而已，就像一粒沙子。站在这个视角看生命，人人都是过客，没有什么是永恒的，所以不必纠结，去投入生命的这场体验中，做真实、合一的自己，活在自己的生命剧本里，成为自己的导演，而不是到别人的生命剧场中，被内卷，成为别人生命中可笑的角色，失去自己，迎合别人，匹配别人。”

当我们面对一些自认为不公平的事情时，首先要看看自己的“认为”是观点还是事实；然后，用抽离的视角，以更宽广的背景看。觉察到思维和念头只是自己的观点，不一定是事实。

成长的过程就是不断地突破，而突破需要勇气：首先，需要接纳自己的不完美；其次，要辨别你所表达的是观点还是事实；最后，发现你的观点背后真正想要表达的需求是什么。

3.1.3　因为很用力，所以容易气急败坏

我很容易陷入过度努力的模式，努力工作、努力学习，甚至努力放松。在担任教练时，我总想竭尽全力为客户提供更多的帮助，我开始思考这背后的模式是什么。

在我的教练过程中，我总想给予很多，但这样是不是把重点放在了我自己身上呢？我想要给很多，我很厉害，我要让客户物超所值，却没有把重点放在客户身上，给客户留出空间。这种模式在我做训练营时也出现过，我想要给学员很多，总是“过度努力”，不能放松。

“过度努力”是我的教练模式之一。所谓的过度努力并不是我真的很努力，而是与周围的人形成极大的反差，尤其是我先生。我们的模式好像反映了彼此的潜意识。我的潜意识表现为努力，反感他每天浪费时间，因为我不愿意自己像他那样浪费时间。我无法做到像他那样，所以我无限放大这份厌恶的感觉。也许我的潜意识想要放松，而他所表现出来的样子正是他呈现出的我潜意识的一面。我要是像他那样，他又会如何呢？但我的潜意识绝不允许我如此，所以似乎我先生正在用他的方式支持我活出我潜意识想要活出来的那一面，直到我真的能放松。

我也在展示潜意识的一种表现，想要改变别人，但又知道无法改变别人。因此，我在自己身上过度用力。因为太过努力，所以我无法放松，

这种无法放松的状态也会影响到我的客户。

有一次和一位合作伙伴工作，因为带着这样的觉察，我在这位合作伙伴身上看到了我的模式。他太过于努力，想要把其中一部分做好。因为太想做好，下了很多功夫，所以每次见面他都很着急。因为着急，所以问问题的时候，把他潜意识的焦虑、生气、烦躁都表现出来。这导致别人和他合作时更加不能放松，自然无法取得好效果。

我想要给予很多，但没有考虑对方能否接受。自己过度用力，当别人跟不上时，我容易气急败坏。我的这个模式如此运转，影响到客户、自己和家人。我想要放松，我努力地放松，我用力地放松，却一点也不放松。

当我意识到自己这个模式时，我开始有意识地去体验，去允许自己放松。慢慢地，我体验到了放松的感觉。当我开始体验放松，对自己更多地允许时，我也放下了对身边人的控制。给我的客户更多的空间，真正地支持对方。

放空自己，放下期待，活出轻松自在的生活，我似乎已经有了一点点感觉。

3.2 勇于尝试

3.2.1 没做怎么知道不行

原同事张强再次来到公司，看到了我，他露出了亲切的笑容。几年前，他是我们团队的新生代，在我眼里，他是一个乐观和充满活力的人，总是喜欢尝试新鲜事物，并乐于分享，人缘也好。但在加入公司两年后，他突然辞职了，自己写了一本书，并和一个合伙人开始创业，后来创业失败。半年后，他回归职场，入职了一家大公司，结果遇到了一波大规模裁员，再次开始了跳槽之路。

这次见面，张强告诉我，他最近辞职了，并打算成为一名自由讲师。他正在寻找与培训公司合作的机会，同时也询问我他的选择是否正确。我告诉他，要大胆尝试，把自己的内容做成一个体系；在讲课的同时，要持续锻炼身体，注意饮食和休息。这些原则，也是我一直在坚持的。

很多事情做了才知道对不对，也只有做了才知道是否行得通。

1. 开始一小步

扎克伯格在哈佛大学的毕业演讲中说：“**我想告诉你一个秘密——没有人从一开始就知道如何做，想法并不会在最初就完全成型。只有当你工作时才变得逐渐清晰，你需要做的就是开始。**”

在面对新的挑战和决策时，我们常常会反复权衡，试图做出最优选择。事实上，真正的改变是通过行动实现的。“想到”和“做到”之间隔着一座喜马拉雅山。**事情不是想明白的，是做明白的。**

每个人的个性、能力和资源都不同，别人的经验并不一定适用于自己，如果没有行动，什么都不会发生，那么梦想只不过是空想。因此我们必须开始行动，从中发现自己的优点和不足，并不断地调整和改进自己的行动计划。

以云鹏写作为例，她从中学就梦想自己能写书，但从来没有动笔。2017 年前开始每周写 2 篇 2000 字的文章，后来每天写 500 字以上，每年积累 20 万字，但真正变成书的，3 年不过 10 万字左右。所以我们要先行动，并保持耐心，因为改变并非夕发朝至。

2. 保持目标和初心

如果我们想进入新的领域，跨越自己的舒适区，必然会遇到许多困难和挑战。但是，这也是我们学习和成长的机会。我们需要以目标指引，并保持初心。

首先，明确特定目标，包括总体目标和详细的分解目标。

做自由讲师也好，回归企业也好，都不是我们的目标，我们的目标是想体验某种生活状态。而这种生活状态会以每年的目标清单来体现。

我每年都会先列出自己的“梦想清单”，包括工作、成长、家庭、健康等各个方面的目标，然后制订项目里程碑计划、月计划、周计划和日计划。这些目标不仅具有激励作用,还能帮助我保持动力和前进的方向。

其次，遇到困难时，回看初心，展望愿景，重启动力。

有句话叫作“**不要因为路途遥远，就忘记为什么而出发**”。在达成目标的过程中，我们不可避免地会遇到困难和挫折，往往会陷入自我怀疑和消极情绪。但是，这时我们需要回顾自己的初心，问问自己“当初为什么要做这件事？”这能帮助我们找到使命，重启动力，进而畅想愿景实现的画面，重新点燃内心的激情和动力。

3. 定期复盘

试错并不可怕，它是我们成长的机会。当我们在经历失败、挫折和困境时，需要耐心、毅力和勇气，我们要定期复盘，去分析自己的优势、资源、有效的行动，调整自己的行动，并且不断尝试，直到找到正确的方法。这个过程虽然艰辛，但也非常宝贵，因为它可以让我们更加了解自己，发现自己的优势和不足，找到适合自己的路，从而更好地实现自己的梦想和目标。

人的改变并非一蹴而就,尤其是刚起步时,我们的进展可能非常缓慢,我们需对自己有耐心，经常想想 Y_{23} 曲线，如图 3-1 所示。

Y_{23} 曲线是指，我们设定 Y=1.0000001，而 $Y_2=Y_1^2$，以此类推，把所有的 Y 值连成一条曲线，你会看到直到 Y_{22}^2 都是个很接近于 1 的数字，曲线接近于直线，但到 Y_{23}^2 就已经是 1.52，之后的曲线陡然上升，到 Y_{30}^2 已经是个巨大的数字。很多时候我们的努力在一开始看不到效果，但只有耐心，就会看到 Y_{23} 曲线效应出现。

没有人能保证每一次尝试都会成功，但如果不去尝试，那么成功就更加遥不可及。每一个成功的人都是通过不断的试错和尝试，最终找到了适合自己的道路。就像爬山一样，山路曲折，攀爬的过程也充满了挑战和风险，但只有勇敢前行，才能到达山巅，欣赏到美丽的风景。同样地，人生也需要勇气和冒险精神，去探索和发现适合自己的道路和梦想。

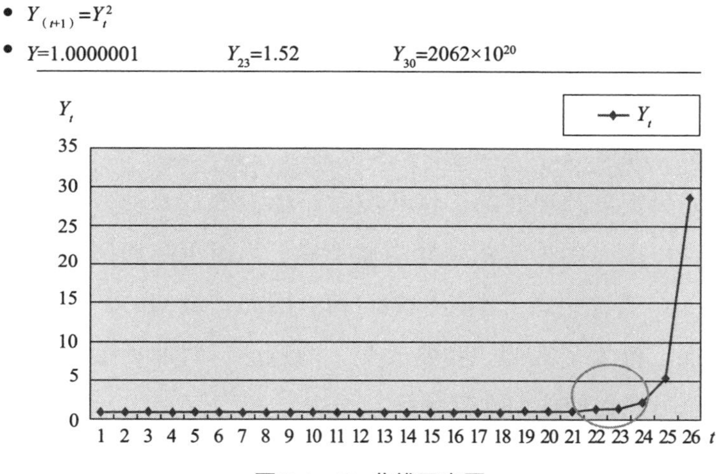

图 3-1　Y_{23} 曲线示意图

开始一小步，保持目标和初心，定期复盘，这三点是我一直遵循的原则。《荀子 · 修身》有云：“道虽迩，不行不至；事虽小，不为不成。”所以，如果你有一个梦想，不要害怕尝试和失败。只要你勇敢地走出第一步，不断地积累经验和学习，相信你终将找到自己的成功之路。我们要终身成长，每一段经历都要有所学习，每一段经历都是财富。

3.2.2　如何顺滑地完成职业转型

爱丽丝：我该往哪走？

柴郡猫：那取决于你想去哪儿？

爱丽丝：这并不重要。

柴郡猫：那你走哪条路也就无所谓了……

——《爱丽丝梦游仙境》

1. 由不满激发，到愿景吸引

在过去的几年里，国际和国内商业环境发生了巨大变化，许多大公司由于业务转型开始裁员，许多人被迫进行职业转型，当然，也有人主动地去追寻新的机会。许多人在这个过程中寻求教练的指导，以便在转型和创业方面取得成功。

转型者常说追求的是自己热爱的事业，对未来充满期待，并制订了详细的计划。那么，为什么仍然需要教练呢？答案是不确定性。

当人们决定离开现有的工作环境时，他们的首要动力是摆脱不愉快的处境。这可能是因为与新领导沟通不畅、因组织结构调整而被迫从事不喜欢的工作或者受到了不公平的对待。因此，最初的转型动力源于摆脱当前状况，激发了人们“我要改变”的意愿。对冲动型的人来说，这种意愿甚至可能促使他们立刻辞职。

紧接着的问题是，我将何去何从？在这个阶段，人们开始关注具有吸引力的领域，以寻求内心深处的价值和意义。在看到先行者的成功案例后，人们产生了“我也可以”的信念，设想转型成功后的美好未来。

有些人迈出了尝试的第一步，通过兼职试水，体验成就感和满足感；也有些人制订了详细的转型计划，开始逐步推进。

然而，内心渴望安全感和确定感的一部分人开始萌生担忧，这可能源自身边的“梦想杀手”（如配偶和父母）。他们会提出现实问题质疑转型者的决定：你能赚到钱吗？收入不稳定怎么办？找不到客户怎么办？身体吃不消怎么办？这些问题让人感到焦虑，成为改变的阻力。

在这场转型之旅中，教练扮演了至关重要的角色。他们通过倾听、理解和引导，帮助人们找到内心的勇气，去面对现实问题和挑战。

2. 贝克哈德变革公式

理查德·贝克哈德（Richard Beckhard）是20世纪50年代组织发展

的创始人，他和大卫·格莱彻（David Gleicher）针对组织的变革，提出了一个著名的组织变革公式，用于描述组织发生改变的条件。后续的研究发现，这一关于组织变革的公式同样适应于个人的改变。

该公式被称为“贝克哈德变革公式”（Beckhard’s Change Formula），它的形式如下。

$$D \cdot V \cdot Fs > RC$$

D（Dissatisfaction，不满）表示对当前状况的不满；

V（Vision，愿景）表示对未来愿景的明晰和确定；

Fs（First step，第一步）代表迈向愿景的积极行动步骤；

RC（Resistance to Change ）表示对变革的抗拒。

触发的源头在于不满，没有不满，所有的改变都不会发生。作为人力资源部门和猎头，他们擅于观察和接触潜在的候选人。有些人不论甲方开出的条件多么优厚，都不为所动，而有些人在犹豫之后决定跳槽。唯一的差别就是前者“对现在很满意”。因此，人力资源部门和猎头会与这些候选人保持联系，等待他们现有状态发生变化。

不满是推力，外部的吸引则是拉力。通常，单一的力量是不足以带来改变的。

对于改变的态度，则因人而异。以李洛和王旭为例，他们在同一个部门，都觉得受到了不公平的对待。李洛作为女性，没有养家糊口的担忧，王旭作为男性，顾虑更多。尽管其他几个要素与李洛相似，但王旭仍未迈出关键的一步。

没有迈出行动的一小步，改变不会在当下发生。也许有些人会等待一个机会，如公司让员工集体重新签订合同，或者因组织结构调整“被离职”。虽然是被动的，但这为他们做了决定，他们不必再纠结。

作为教练，我们可以引导客户思考在哪个要素上做出不同的选择，从而促使或者阻止改变发生。

3. 理性思考，感性决策

我们在转型过程中都经历过多次尝试和改变。从销售员到创业者，爱芬用了 8 年时间；而云鹏从培训师到自由职业者，走过了 13 年的路程。在理性思考和感性决策之间，有时看似“冲动”的选择实际上是经过长时间心理准备的结果。

爱芬的辞职看起来很“冲动”，一个很平常的早上她和领导谈话之后，告诉云鹏“我刚提出离职了，领导也同意了”。云鹏很惊讶，因为并没有听说爱芬决定这个时间离职。然而回看这个过程，又觉得一切都是顺理成章的。早在一年前，爱芬就与云鹏探讨教练议题“是否要离职”。半年前，爱芬的教练议题是“离职前需要做些什么准备”。我们还绘制了一条时间线，并设定了里程碑。尽管离职的具体时间尚未确定，看似“冲动”的选择实则已有一年的心理准备。

云鹏的经历也如出一辙。2019 年，云鹏也与教练讨论过离职转型的问题，当时因为安全感的顾虑而犹豫不决。原本计划在 2020 年离职，但遇到新冠疫情的暴发，不得不将计划推迟了一年。

当然纯理性的选择是不存在的，我们的转型是源于内心深处对梦想的渴望，并逐步克服顾虑，为自己的人生转型做好了心理和实际的准备。

4. 转型中要避开的坑

在转型过程中，如果能避开一些坑，自然是最好的，但是如果不小心掉进去，就要尽快爬出来。以下是在转型中要注意避开的坑。

（1）没有准备，冲动决定。转型的起心动念通常源于一次怦然心动。例如，爱芬在看到讲台上闪耀的培训老师后，便立志成为一名培训师。然而，转型成功的关键不能仅凭冲动，而要理性思考和精心准备。

在爱芬决定成为培训师后，她开始寻找机会，先担任企业培训中心的销售总监，然后从新员工培训讲师逐渐成为通用课程和领导力课程的讲师。她每年阅读 50 本书，每周更新公众号。当她离职创业时，她的公众号已积累了四万多粉丝，出版了一本书，并成为国际教练联合会（International Coach Federation，ICF）认证的专业级教练（Professional Certified Coach，PCC）。在离职前，她进行了一年多的心理准备和资源准备。

云鹏在转型前，找了一些朋友聊天，了解他们是如何开拓市场和发展客户的。这既是为了收集信息、积累经验，也是为了寻找内心的确定感。此外，她在陪伴爱芬创业的过程中，作为她的教练，对创业过程中可能遇到的困难有了更深入的了解。在完成团队教练的学习、出版一本书和成为焦点解决讲师之后，云鹏才踏出了这一步。

经济准备也是不容忽视的一环。例如，一位朋友在多年的奋斗和理财后，为孩子准备了足够的教育经费，为自己留下了充足的养老金。此外，他的股票持续贡献“睡后收入”，并为自己准备了一个“金色降落伞”（创业失败时的退路）。正因如此，他才敢投身于创业大潮。

（2）**缺乏自律。**在一个组织中工作像在火车上，你可以按照既定轨道前进。然而，在创业之后，人们变得更自由，可能会在业务规划、自律以及关注身体健康等方面面临挑战。

创业后，我们需要把自己当作一个公司来经营，需要制定战略、目标和计划，主动拜访客户，交付项目后复盘总结，同时不断发展自己的专业技能。创业者需要学会自我管理，包括平衡工作与生活。

通常，创业者的工作和生活没有明确的界限，经常一天工作十几个小时，家也成为办公室。因此，关注家人的感受并平衡工作与生活至关重要。人到中年还应该特别关注身体健康，加强锻炼，以确保自己能够持续发展。所以，高效的自我管理是创业者必备的能力。

许多成功的创业者都是时间管理的高手，他们既能保持高效的生产力，又能为自己安排放空和休假时间。同时，这些创业者在心理素质方面也非常强悍，他们能够在面对困难时激发斗志，具备强大的韧性。

（3）**固守舒适区。**创业需要从事自己擅长的事情，但要做成事，还需要涉猎其他领域，如设计、市场、售前、销售和运营等。在创业初期，我们想把公司做得更“轻”，很多事情需要亲力亲为，这就要求我们拓展自己的舒适区。

比如云鹏原本不擅长推销，但要主动接触客户，还在一些训练营里做带组教练，要烘托气氛，和学员打成一片；本来不擅长设计，但直播海报都要自己做，所以就需要借助工具，培养新技能。

（4）**单打独斗。**虽然每个人都可以将自己视为一个公司，但在这个世界上，单打独斗并不适用。我们需要合作伙伴，相互取长补短，共同发展。通过加入不同的社群和领域，我们可以互相支持并共同应对挑战。

比如云鹏和爱芬就强强联合，发挥各自的优势。爱芬擅长人际沟通，和学员互动，与外界交流；云鹏则组织“产品生产”（课程录制、剪辑）、编辑书稿等。我们还分别参加了几个社群，在不同的领域合作，既抱团取暖，也联合作战。

（5）**既要、又要、还要。**很多人在转型时希望找到喜欢的事情，实现工作与生活的平衡。然而，转型只是换了一个赛道，需要做的事情更多。为了实现各种目标，如打造个人品牌、赚钱、休闲和照顾家庭等，我们很容易陷入焦虑。

因此，我们需要想清楚自己真正想要的是什么，并以经营百年老店的心态经营自己，遵循自己的使命和价值观，做出明智的取舍。正如作家保罗·柯艾略（Paulo Coelho）所说：“生活往往是，也仅仅是，我们现在经历的这一刻。”在创业过程中，我们需要关注当下，全身心投入，努力实现自己的目标；同时，要保持适度的期望，确保在追求成功的同时，照顾好自己的身心健康和家庭关系。

5. 教练工具帮你完成职业顺滑转型

时代变迁，很多曾经叱咤风云的公司都在艰难转型，其实个人也一样，成功只代表过去，如果个人不成长，不主动转型，就会“被”转型。如果没有做好准备，转型过程就会更加痛苦。人到中年，职业发展可能遇到瓶颈，后起之秀不断超越你，所以你一定要主动规划第二曲线，如果能做到百岁人生，你甚至可以有第三、第四曲线，所以转型是一个必选项。

在职业转型过程中，运用逻辑层次自上而下地规划职业路线是十分重要的（关于逻辑层次的内容，详见第 5 章）。以下是一些建议，仅供大家参考。

第一，明确使命愿景。

我们要想清楚为什么转型，我们的梦想是什么，我们的人生使命是什么，并找到一个激励自己的愿景画面。我们要找到转型成功的愿景画面，这个画面会激发我们内心最深、最持久的动力。

使命愿景一定与他人有关，而不仅仅是为了过好自己的小日子。虽然个人的能力有限，但我们的行动可以产生涟漪效应，影响更多的个人和家庭。

第二，确定身份。

培训师、教练和作者都是角色，而背后的身份更为重要。角色好像钻石的切面，身份则是钻石本身。

身份常用“……者”“……的人”来描述，并令人怦然心动。找到一个与使命愿景相关的身份，如助人者、唤醒者或点亮他人的人等。当你活出自己的身份时，所有的角色都会体现这个身份的人格特质。

第三，找到核心价值观。

面对转型，人们往往会感到一定程度的恐惧，如害怕失败、担心没有稳定收入、缺乏团队支持或自律不足等。此时，我们需要向自己提问：“如果没有恐惧，你会去做什么？”进一步思考：“对我来说，转型意味着什么？转型后，我将有何不同？为何这对我如此重要？成为某种身份对我意味着什么价值和意义？背后更深层次的含义又是什么？”

我们会发现，恐惧背后的价值观实际上是一些积极正向的词语，如智慧、责任、成就、慈悲和爱等。价值观是我们内在的驱动力，可以激励我们采取行动。在决策时，我们应根据价值观分析所涉事情在短期和长期内可能带来的收益和代价，通过感受自己的思考并思考自己的感受，从而做出最佳决策。

第四，盘点能力。

我们需要对自己的能力进行盘点，了解已经掌握的技能和还需学习的技能。在过去的职业生涯中，我们可能在某个领域已经颇具专业能力，但在转型到新角色后，可能会遇到很多不适应的地方。

以云鹏十几年前刚开始担任讲师为例，当时她因紧张而呼吸急促，开场几分钟手脚都在发抖，讲半天嗓子就哑了。为了准备课程，她不得不将课程内容写成逐字稿，甚至背诵下来。当年，在准备“关键时刻”课程时，她将资深讲师的课程听了 7 遍，并做了大量笔记，甚至模仿对方的表情和语气。后来，她逐渐形成了自己的讲课风格，并在讲课过程中经常进入心流状态。

为了适应新角色，我们需要培养新的能力，需要投入额外的时间。与其他人下班后尽情享受生活、追剧不同，我们需要投入时间阅读、听课、练习和写作，以不断积累经验。

第五，付诸行动。

将梦想和计划付诸实践，即使是一小步，也可能引发滚雪球效应。我们要在实践中积累经验、提升能力，逐步实现自己的职业转型目标。

例如，爱芬在转型为培训师时，首先从在企业培训中心担任区域销售总监开始。这看似是“曲线救国”，但只要迈出第一步，就能不断地取得进步。我们还要在组织中发挥独特的贡献，同时不给自己设限，积极发展其他技能。

在行动的过程中，我们必须要有耐心，不能过于功利主义，要带着觉察和意识去做事，享受积累经验的过程，每天付出努力都感到充实和喜悦。经过一段时间，种子便会发芽，我们也将获得回报。

第六，选择适合的环境。

环境对人的影响很大。虽然我们很难改变大环境，但我们可以选择适合自己的环境。例如，爱芬想成为培训师，就需要进入企业培训中心，与讲师和课程保持近距离接触，融入环境里。然后，我们可以挖掘环境中可用的资源，以支持实现目标。

未来充满希望，人生本就充满变化。“人生不已，折腾不止。”我们可以把自己打造成一个公司，规划自己的职业道路，将自己塑造成一种柔性材料，随时可以与他人组成团队，跨界合作。关键在于我们要拥有开放的心态，将人生视为体验和修炼的道场，不断学习，挑战自己，发展自己。

有一句话说：“种一棵树最好的时间是十年前，其次是现在。”

你已经开始了吗?

3.3　重新出发

3.3.1　赢了对手，却输了自己

小芳是一位积极上进的女孩，今年刚加入一家公司工作，职位已经连升两级，薪水也翻番。记得第一次见到她时，她曾对我说：“期待未来几年能年入百万。”我当时就知道这个女孩内在动力十足，她的目标一定会实现。

后来她成为我的长期教练客户，主要的教练话题是在职场关键时刻，

通过教练对话支持她更好地达成目标，实现绩效，补充能量。

最近的一次教练话题是，小芳刚完成一次职场竞赛，结果非常好，但之后，小芳说自己陷入了一种自我评判。

事情是这样的：有一天早晨，她收拾行李准备出差时，头脑里反复出现一个声音在说“你做不到，你不行”。接下来的几天，每当她闲下来时，这个声音就会出现，让她感到身心俱疲。而且，这件事已经影响到一个项目的交付，让她觉得自己的努力毫无意义，不明白自己为何要如此辛苦。她开始思考：人到底是为了什么而活着？于是，一向努力上进的她突然什么都不想干了。最让她不能接受的是，不到一个月，自己的体重增加了 15 斤。

面对这种情况，我们展开了教练对话。

我们从她手上正在进行的项目开始。在和小芳对话的过程中，我注意到她对项目的目标很清晰，也知道自己在这个项目中担任的角色，但她不愿意为之付出行动。因为一旦我开始问小芳关于项目行动部分，她就开始找各种理由和借口，说自己没时间，太忙了。

我继续追问小芳：**“真正阻碍你实现目标的是什么呢？”**小芳想了很久，说自己想不到。双方陷入沉默，就像陷入了一个死循环一样。

当小芳再次强调她做不到、她不行时，我意识到想要打破这个对话的循环，必须从她的感受出发。于是，我问小芳：**“当你的头脑里出现这些对话时，你的感受是什么？”**

小芳说是无力和无助感。一种非常熟悉，但也不知道从哪里来的感觉，而且是无论怎么努力都没有用的那种感觉。

接下来，我们一起去寻找这句话总是冒出来的根源，以及如何处理这样的情况。

我邀请小芳闭上眼睛，回想“你不行，你做不到”这句话**最初是从哪里来的？回忆一下：“你第一次强烈感受到这句话是在什么时候？”**

小芳闭上眼睛进入了回忆。

我看到眼泪从小芳闭着的眼睛中滑落，一滴接着一滴。

小芳说想起了十年前的自己，刚刚毕业时做一个重要的项目，但那次项目失败了，而且自己似乎怎么努力都于事无补，就是自己不行，做不到。

那么这句话是从十年前自己真实的经验中来的？

“是的。”小芳一边哭一边点头。

我知道问题所在了。很多时候，过去发生的一件事情，在过去我们没有能力处理时，就会淤堵在我们的记忆中，等到类似的情况再次发生时，这个被淤堵或压抑的事情会再次冒出来。

既然知道了问题的症结所在，我运用了现在的自己和过去的自己对话这样的方式帮助小芳疗愈这个过程。

我邀请小芳去感受十年前那个失败的自己，问她是什么感受？

小芳感受到全身都被悲伤笼罩着。

我邀请小芳对那个全身笼罩着悲伤的十年前的自己说：“**我看见你了，我接受你，我感受到了你，我爱你。**”

小芳一次又一次地重复着。一边重复，一边流泪。

邀请现在的小芳对十年前的小芳说：“对不起，过去让你受委屈了，请原谅我，我今天才关注到你，谢谢你一直在提醒我，我爱你。”

小芳仿佛跨越时空，在与十年前的自己对话。

小芳继续说：“谢谢你，我想告诉你，过去那个项目确实失败了，那时的我没有能力，做不到，我不行。但现在的我，已经拥有了解决问题的能力，我可以把项目做好，请你相信我。你愿意和我一起见证我通过自己的努力而成为我们想成为的自己吗？”

小芳看见十年前的自己点点头，小芳在想象中拥抱了十年前那个悲伤的自己。

当这一切完成之后，我问小芳："此刻你的感受是什么？"

"轻松。"小芳的语调明显和刚才不一样了。

接下来，我又问小芳："关于现在这个项目你接下来还有什么计划？"

小芳不再提"没有时间"这件事，而是开始规划接下来如何行动了。

教练结束，我明显感觉到小芳的能量又回来了，我问她此刻如何看待那句话"你不行，你做不到"，小芳说，这句话不是此刻的我说的，我也明白了这句话背后真正的意义。

有时候我们会觉得好像被卡住了，这其实在提醒我们停下来，疏通淤堵的情绪，然后继续能量满满地重新出发。

3.3.2 倒掉鞋里的沙子再前行

晚上临睡，先生收拾行李，准备第二天出差。他突然想起剃须刀没放进行李箱，拜托我明早提醒他。我劝他："还是现在去拿吧，免得一直惦记这件事。"

你是否也有过类似经历？有些事情，即便是微不足道的小事，我们总是拖延着不去做。比如洗澡、写文章、冥想、打电话或整理衣橱等。这就好比鞋子里的一粒沙子，尽管我们觉得弯腰解鞋带很麻烦，不想去做，但这粒沙子始终困扰着我们。

这些琐事看似无关紧要，拖延一下似乎无伤大雅。然而，一旦拖延，它们就会像手机中打开的许多应用一样，不停地消耗我们的精力。即使我们不用这些应用，它们还是会悄无声息地耗电。

我们应该学会尽快完成这些事情，而不是带着未完成的任务清单去刷手机、玩游戏。虽然娱乐能让我们暂时放松，但是我们仍然会在心里惦记着未完成的事情，并忍不住批判自己。我们要学会及时清理和完成待办事项。

类似的情况还出现在人际关系中。对某些人心怀怨恨，一想到他们，我们就气不打一处来，情绪失控。即使当下这些人并不在我们身边，甚至有些人已经离世，我们仍然无法原谅他们。实际上，这种无法原谅正反映出我们与自己的不和解。

我有一个好朋友，她的妈妈今年已经 70 多岁。平日里，她看起来性格非常随和。然而，一旦谈及已故的婆婆，朋友的妈妈就会泪流满面，激动地讲述当年婆婆对她的苛责和不公。她的情绪波动如此之大，仿佛那些事情就在眼前发生，滔滔不绝，气喘吁吁，还异常气愤。好朋友不敢提起这个话题，因为一谈到自己的奶奶，她的妈妈就会失控。

我理解朋友的妈妈。她曾长期受到婆婆的苛责，即使现在婆婆已离世多年，她也无法释怀。这些愤怒和委屈的情绪一次又一次地伤害着她的身心，让她不断地回忆、咀嚼这份痛苦。这种感觉就像婆婆从未离去，仍然在缠绕着她。

因此，我们需要学会完结过去，让自己轻松地继续前行。

如何完结过去呢？

第一步：接纳并理解自己的情绪。例如，朋友的妈妈可以从自己的角度理解这些情绪，甚至对自己说："这么多年来，我受了很多委屈。"

第二步：通过仪式与过去告别。可以把这些情感写下来，然后撕碎或烧成灰烬，象征结束和完结。

第三步：开始做一个一直想做但尚未开始的事情。可以从一个小步骤开始，比如买一件新衣服或进行一次短途旅行。

完结过去意味着我们不再无意识地将能量消耗在过去的事情上，而是有意识地将注意力放在如何活在当下，享受当下的快乐。注意力决定能量的方向，你向往的生活就在眼前。

3.3.3　把脸皮撕下来，让自己轻松前行

我和朋友学了一个动作，在 TTT 课程的开场进行一个设置：邀请大

家举起左手，掌心朝向脸部，弯曲手指**“把脸皮撕下来”**。每次带领大家做这个动作都能引发哄堂大笑，课堂气氛立刻变得轻松。

1. 人们没有你想象的那么关注你

人们在做事时往往担心“得不到”或“失去”某些东西，比如没有达到预期的完美结果、没有得到他人的认可、失去信任或个人美好形象等。而这种担忧，很可能会影响人们的表现。

《身心合一的奇迹力量》一书指出，人们的内在障碍，如害怕失败、缺乏自信、担忧被评判，才是卓越表现的真正阻碍。

其实，心理学家已经证明，人们并没有那么关注你。美国心理学家劳森针对大学生进行了一个实验，让他们穿上印有“美国之鹰”的运动衫去见同学。约 40% 的被试确信同学会记住自己衣服上的字，实际上仅有 10% 的人记住了。大多数观察者甚至没有发现对方中途出去几分钟再回来时换了衣服。

在心理学家基洛维奇的实验中，他们让康奈尔大学的学生穿上让人尴尬的衣服（印有 Barry Manilow 的 T 恤，这是一个姿势很尴尬的明星），穿 T 恤的学生事先估计有 50% 的同学会注意到他的 T 恤。但最后的结果是，只有 23% 的人注意到了这一点。

退一步说，即使你犯了错，出了丑，甚至上了热搜，过不了一个星期，人们就会去关注其他热点，很快忘了你的事情。而你则会因为这些经历，心理上变得更加坚韧。

2. “放下面子”是一种理性选择

“把脸皮撕下来”是一种隐喻，意味着人们不再过分关心他人对自己的评价。许多人因为害怕在讲课时表现不佳而丢脸，所以干脆逃避讲课，或者在讲台上紧张得无法正常发挥。如果我们不再担心面子问题，反而能变得更加轻松，无所顾忌时，我们更能发挥潜能。

有一位前同事分享过，在某大公司工作几年后，她做事的风格变得非常彪悍，因为如果她不这样做，事情无法顺利推进，老板的质疑会让她更加难受。因此，她选择主动“放下面子”。

当你放下面子时，展示出的是真实的自己。这并不意味着你可以不做好准备就上台讲课，那是对学员不负责任。如果你做了足够的准备并坚守伦理，就无须担心学员对你的评价。

3. 保持内心的稳定

你所面临的挑战可能会引起关注，这时保持内心的稳定尤为重要。

当一个人做一件创新且有难度的事时，需要经历四个阶段：无意识无能力、有意识无能力、有意识有能力和无意识有能力。在“有意识无能力”的阶段，我们在刻意练习和试错，因为能力的提升非一朝一夕就能完成，难免经历失败甚至倒退。我们需要承受各种评价，甚至因接受“为了你好”的好意而放弃。此时我们更需要内心的稳定，要么无视他人的意见，要么“把脸皮撕下来”，以微笑回应别人的建议，但同时按照自己的方法继续尝试。

我们需要告别过去，倒掉鞋里的沙子，把脸皮撕下来，轻松地前行。

要点

1. 破除限制：成长是一个不断突破的过程，而突破是需要勇气的。首先，要接纳自己的不完美；其次，明确表达的是观点还是事实；最后，探究观点背后真正想要表达的需求。

自我教练提问：

1）当我陷入困境时，我的脑海里在想什么？

2）假如一股大风把脑海中的杂念吹散，清澈的内心会告诉我什么？

3）我内心真正的需求是什么？

2. 勇于尝试：没有人一开始就知道如何做，想法需要不断完善。在实践中，事情会变得更加清晰。所以，要做的就是开始行动。

自我教练提问：

1）有什么我想做却一直没开始行动的事情？

2）为什么这件事对我如此重要？

3）我可以迈出的第一小步是什么？

3. 重新出发：完结过去，意味着不再无意识地消耗能量，而是有意识地关注如何活在当下，享受幸福和快乐。

自我教练提问：

1）有哪些事物限制了我，我需要把它留在过去？

2）有什么东西尽管我舍不得，但对未来无益，我需要将其留在过去？

3）如果一个仪式能帮助我完结过去的不快，我会选择怎样的仪式？

第4章

坚韧：生活处处都是礼物

任何不能杀死你的，都会使你更强大。（What does not kill me, makes me stronger.）

——弗里德里希·尼采（Friedrich Nietzsche）

4.1 发现卡点

4.1.1 沟通中很多人容易卡在自己的模式中

鹏哥和萧叶都是各自领域的专家，他们正携手准备完成一个项目。在安排工作的过程中，萧叶用看似邀请的语气说："鹏哥，我邀请你负责这个项目中的这项具体任务。"然而，鹏哥却从这个看似邀请的语气中听出了一种命令的意味，他慢悠悠地回答说："我对于这种微不足道的任务并不擅长，更何况我觉得这是在大材小用。"萧叶对鹏哥这句话的理解是纯粹的拒绝。

接下来的对话就陷入了僵局，一方坚持认为自己没有能力做这项任务，而另一方解释道："我只是邀请，你当然可以拒绝，我只是觉得你最合适。"他们反复试图阐明自己的观点，而这种解释的背后，又似乎充满了一种想要说服对方或者掌控对方的力量，本来可以简单明了的对话，变得愈发复杂，就像一场不断升级的权力斗争。

两个看起来都很优秀的人，为什么会陷入这样的僵局呢？

小芳在看到同事发来的邮件，其中写道："项目流程不清晰，需要再明确一些。"小芳立刻爆发了，说道："这个同事太过分了，凭什么指责我的工作没做好？"作为旁观者的小艾,却没有在邮件中看出这样的意思。

那么，是什么触发了小芳的情绪呢？

小敏最近一直在尝试运营自己的视频号，由于没有人帮忙，她无法投入大量的时间来研究。小敏抱怨团队没有支持自己，她认为自己的努力是与公司的利益紧密相关的，却没有人支持自己，这让小敏感到非常委屈。

为什么小敏会产生这样的情绪呢？

小艾在一旁察觉到这些，清晰地看到每个人的行为模式。她对于这些困扰并没有什么体验，然而，当小艾回到家，看到先生又在玩游戏，她立刻爆发了。小艾的丈夫是一个性格温和、做事踏实的人，他玩游戏有何不妥？

看，似乎每个人都被困在自己的模式中。

诗人鲁米说过："在正确与错误之间，有一片原野。"很多人都被困在自己所认定的正确和错误之间，坚信自己的判断就是正确的，坚信事情应该按照自己的想法发展。有时，我们很难跳出自己的模式，但是，如果我们能清晰地看到别人的模式，并由此反观自己的模式，就能更容易地认识到我们的思维如何在限制着我们。

那么，我们应该如何跳出自己的模式呢？

首先，**我们需要意识到我们是被困在一个模式中的。**

当我们经常因为同类的事情而停滞不前时，我们应该停下来反思，我为什么总是遇到这样的问题呢？我们可以寻求朋友的帮助，让他们给我们一个反馈，自己是否真的如此。一旦我们意识到自己被困在一个模式中，接下来的改变就会相对容易一些。

其次，**我们可以使用一种句式帮助自己识别模式**。即，“每当……的时候，我就会觉得……，然后我就会……”。

比如，“每当我要花钱的时候，我就会害怕自己会因此变得没有安全感，因此我会花很长时间去计算”“每当别人不同意我的观点时，我就会感到非常生气，然后我就会和对方争吵”，等等。

最后，**我们需要有意识地练习新的反应模式。**

既然我们已经发现自己的这个模式，那么在下次遇到类似的情况时，我们可以尝试带着这种认识去做事。我们甚至可以尝试改变自己的想法。比如，如果我们原来总是觉得钱花得越多，自己手里可支配的钱就越少，现在我们可以尝试转变我们的思维，告诉自己：“我赚得总比花得多，我花得越多是因为我赚得越多。”如此一来，我们就可以更自信且安心地花钱了。

学会以一个抽离的视角看待生活中的各种情况，可能会带来意想不到的收获。带着一种觉察和成长的心态，我们的每一天都会丰富多彩，因为我们始终在接纳生命赠予我们的礼物。

4.1.2　放下完美主义心态

明天小芳将主持一个为期两小时的团队活动。这是她首次负责这样的外部活动，因此她感到异常紧张，担心自己搞砸。越想越不自信，恨不得想取消这次活动。于是，我们开始了一场教练式对话。

此时，提问小芳“期望活动达到何种成果？”这类问题都不能进入小芳的心，因为小芳此刻满是担心。所以，我决定先帮她打消这些顾虑，再讨论如何做好这次活动。

小芳做我的教练客户已经快两年了，我非常了解她。她是一位努力精进，对自己要求极高的女孩。我们之间有很好的信任关系。

我直截了当地问小芳：“假如这两个小时的活动搞砸了，会有什么后果呢？”

小芳回答说：“学员不会和我互动，大家会觉得浪费了两小时的时间。”

“假如真的产生这样的结果，你会有什么损失呢？”我又问道。

“我会不开心一段时间，然后复盘看看下一次如何做得更好，也就这样了。”小芳的心情稍微放松了一些，甚至笑了起来。

“那么如果你根本没有开始这个活动，和搞砸了相比，有什么不同吗？”我继续追问。

“我会后悔没有尝试。我学了这么多年的课程，而且花了很长时间来策划这次活动。未来我也想往这个方向转型，这对我来说是一个必须跨越的障碍。我只有这样做，才能朝着我的目标前进。”

“如果你做了这个活动，但是搞砸了，你会怎么样呢？”

“我可能会不开心一段时间，其实也没有太大影响。”小芳这样说道。

这个技巧被称为“超级悲观思维”，就是想象可能发生的最糟糕情况，然后发现情况其实也并不那么糟糕。这样，人们就可以放下担忧和恐惧，将精力集中在手头的任务上。这个方法对完美主义者特别有效，能帮助他们打破追求完美的执念，看到即使不完美也没什么大不了的。

在完成了解决忧虑的部分之后，我和小芳开始探索如何成功地进行这次活动。

小芳表达出她希望能在明天的活动中展现出良好的状态。

我邀请小芳想象一下，如果此刻已经是明天，她步入教室，希望自己此时的状态是怎样的？

“自信、稳定、充满活力。”小芳回答。

我问她，**在过去什么时候，她有过这样的状态**。

小芳回忆起过去做项目的经验，在教室里，她经常能进入这样的状态，尽管她不清楚如何达到这样的状态，但她知道自己能全身心投入，状态饱满。于是，我邀请小芳想象此刻的她完全拥有这样的状态，每个细胞都充满着这样的感觉。小芳成功地进入这样的状态。

我希望小芳能锚定这个状态，所以我问她：**“如果用比喻来形容这个状态，你会想到什么？”**

“像早晨升起的太阳，红色的太阳，温暖的光照在我身上。”小芳回答道。

我进一步询问：**“如果在课堂上，你想进入这样的状态，如何提醒自己再次体验和拥有这样的状态呢？”**

“我会闭上眼睛，做一个深呼吸，仿佛看见太阳温暖地照耀着我。”小芳说。

接着，我邀请小芳带着这样的状态，设想自己来到教室开始这个两小时的活动，她会看到什么？听到什么声音？感受到什么？小芳看到学员们专注的眼神，听到学员们积极回答问题，讨论活动，甚至在结束时表示时间过得太快了。而她自己，感到快乐，兴奋。

这个部分的目标是让小芳体验成功的画面。史蒂芬·柯维说过，成功分为两个步骤：首先在脑海中想象成功的画面，然后才是落地实施。这时，我们已经完成了第一个步骤，接下来就是进入第二个步骤。

接着，我们讨论了小芳需要哪些能力来确保这次活动圆满结束。她说：“理解和梳理课程内容，把握课堂流程和时间，保持亲和、联结、高能的状态，清晰地回答学员的问题，还有最重要的——相信自己。”小芳一口气说了这么多，可见她真的很认真地准备了。

我问小芳，在这些能力中，哪一个是**撬动点**，做好这一点，就能更好地推动项目成功。她很快回答，是自信。

在自信这个问题上，我提出了一个 1~10 的打分机制，10 分代表非常自信，1 分则是相反，询问她此刻的自信指数是多少。“8 分。”小芳回答道。

感受到小芳的自信，我继续支持她：“8 分的资源是什么？”小芳回答，因为她为此做了很多准备，有团队的支持，她已经在团队内部分享过几次，而且她和这期的学员有很好的联结。

然后，我询问小芳**对于明天的活动，她还能采取哪些行动**。小芳说，她会再整理一下内容，精简一下，明天早上和团队沟通，把过程中的细节和需要的物料都准备好。

最初你想要用自信的状态投入明天的活动，你找到答案了吗？

“找到了。”小芳确定地回答道。

最后，我询问小芳，今天的对话对她最有启发的是什么。她说：“一是发现自己担心的事情其实并没有那么严重；二是自己可以找回那种高能的状态，并将它锚定。”

这部分我主要帮助小芳，把要做的事情确定和梳理出来，清晰就是力量！

之后，小芳非常成功地完成了这次活动。她兴奋地给我发来了照片，照片中的她穿着红色的西装，专业而优雅，学员们的目光都整齐且好奇地看着她，一切都和她之前的想象一模一样。

4.1.3 每个人都有后脑勺看不见的地方

小丽最近感到有些烦躁和困扰。

她最近加入了一家新公司，起初创始人向她承诺，将让她成立并领导自己的项目组。然而，虽然现在她已经在管理这个项目，团队中也有两名成员，但公司并未明确这两名员工是否归她负责。为了与这两名同事建立良好的关系，小丽花费了大量的时间和精力，如一起外出吃饭、享受下午茶、购买小零食等。

然而，小丽有时会对自己的这些行为感到不齿，她质疑自己是否在试图讨好同事，是否会让同事觉得她好欺负，或者觉得她在刻意巴结他们。

这些想法使她对自己失去了信心，感到迷茫、寂寞和孤独。

此外，她还感到公司创始人对她的工作表现不满意。最近，她多次提出要制定一个项目奖金制度，但创始人迟迟未批复。

在工作中，你是否也经历过类似的自我怀疑和迷茫？小丽在困惑中百思不得其解，于是她找教练进行了一次深度的教练式对话。

“你希望在这段职业生涯中达到什么目标？”教练问小丽。

她回答说：“希望能与同事友好相处，顺利完成这个项目，同时提升自己的业务能力。”

“当你最终实现这些目标时，你认为自己将会是什么样子的？”教练问。

小丽答道，她将成为项目负责人，担任主要角色，为公司创造价值，同时也能赚到钱。

了解到小丽是创始人亲自招聘的，教练试图帮助她换一个角度看待问题。

“如果你站在创始人的角度看待这个项目的负责人，你会有什么看法？”教练问。

小丽仍然停留在自己的观点中，无法换位思考。

教练继续说：“假设你是这家公司的老板，你招聘了像小丽这样的员工，你会怎么看？”

这时，小丽似乎开始换位思考了。

“我肯定会欣赏像她这样的员工，并想办法留住她。”她说。

然而，她近期关于项目奖金制度的申请一直得不到领导的批复，这让她无法专心工作。

接着，教练邀请她从创始人的视角看待这个项目，探寻创始人关注的重点是什么？

“创始人的主要关注点是项目能否成功，而不是奖金制度。”小丽坦言，她非常关注这个制度，因为有了这个制度，她能更加稳定地推进工作，同时，该制度也明确了那两位同事属于她的部门，从而便于管理。

教练和小丽试图厘清这个情况：小丽希望能有明确的制度可以推动项目顺利进行，而创始人关心的是项目能否成功。那么，项目是否成功对小丽来说重要吗？

“当然重要！”小丽回答道。

那么，小丽对这个项目能否成功有信心吗？

她肯定地回答道：“有！”

那么，小丽是否向创始人描绘过这个项目成功的蓝图？

小丽回忆，只在招聘时与创始人谈论过，之后就没有再提过。

教练在此稍作停顿，留给小丽一些思考的空间。

教练询问小丽：“对于刚才的过程，你有什么想要表达的？”

小丽意识到，原来问题是她对项目充满信心，而创始人还在观望。她需要更好地向上管理，为创始人描绘一幅成功的蓝图。小丽疑惑地说：“项目成功的蓝图还需要我来描绘？难道创始人自己不清楚吗？”

教练再次问小丽：“这个项目对你来说有多么重要？”小丽笑了出来。

随后，教练和小丽一起梳理了这个项目成功的关键要素，对关键要素的现状进行了打分。结果显示，小丽对项目中可控部分的得分非常高，而在跨部门支持协作上的得分相对较低。教练和小丽一起找到了影响项目成功的撬动点，然后制订了行动计划。

回过头来看她之前对于与同事关系的困扰，小丽笑着说：“如果这个项目成功了，那些都不算什么了。”

小丽进行了一番深思，总结了自己的收获：

1. 对于具体的问题，应当进行详尽的分析，然后明确关键要素，对需要加强的部分进行提升。

2. 换位思考的方法对她来说非常有帮助，让她理解了领导关注的重点，同时也让她明白，如果想达成自己的目标，就要主动在自己能控制的领域中努力。例如，向领导展示这个项目的重要性。

“每个人都有后脑勺看不见的地方。”小丽如此总结道。

很多时候，我们陷入困境，将其视为一个问题，但在深入分析时，我们可能会发现问题的症结在别处。正如《高绩效教练》一书的作者约翰·惠特默所说："我只能控制我意识到的东西，我没有意识到的东西控制着我。"

我们的认知盲区就像后脑勺上的痣一样，自己难以察觉。"约哈里窗口"理论由美国社会心理学家约瑟夫·勒夫特 (Joseph Luft) 和哈林顿·英格拉姆 (Harrington Ingram) 提出，旨在提高人际交往的效率。约哈里窗口理论认为，我们对世界的认识是由四部分组成的：公开、盲点、隐私、未知 / 潜能。公开是指自己和他人都知道的事情；盲点是指自己不知道而他人知道的事情；隐私是指自己知道而他人不知道的事情；未知 / 潜能则指自己和他人都不知道的事情。教练的过程能帮助人们提高意识，识别自己的模式、难题和盲区，从而让人们掌握主动权，尽可能地在可控制的领域中努力，以取得更优秀的成果。

4.2　穿越障碍

4.2.1　为什么受伤的却是热心肠的人

小凤在工作中特别热心肠，经常向他人提供支持。然而，最近因为一件小事，她却感到非常烦恼。

这是怎么回事呢？

她的同事小强因工作失误受到了领导的批评，小强刚出领导的办公室就开始大声抱怨，表达自己的不满。小凤出于好心，立即从座位上站起来招呼小强，示意过来这里说，不要在领导门口大声抱怨。

然而，小强并未领受小凤的好意，反而更大声地回答道："如果公司连这一点小小的抱怨都不能接受，我宁愿辞职。"小凤站在那里，手伸在半空中，放也不是，收也不是，陷入了极度的尴尬。

小凤回到座位上，脸上热辣辣的，暗骂自己“狗拿耗子多管闲事”，对自己感到非常恼火。

你有没有遇到过和小凤相似的情况呢？在这个事件中，小凤需要学习和反思的地方又是什么呢？

让我们尝试用一个“摄像机”的视角，来帮助小凤分析这个过程：

想法：好心没好报；
情绪：愤怒、尴尬；
行动：保持沉默。

如果用之前介绍过的句型来帮助小凤看看自己在这件事情背后的模式，那么句型将是这样的：“当……的时候，我感到……，我就会……。”

将小凤的想法、感觉和行动填入句型，就可以得到：“每当我好心没好报的时候，我感到非常愤怒和尴尬，我就会选择保持沉默。”

可能在与家人或朋友相处的场景中，小凤也会遇到类似的情况：她尝试着帮助他人，结果对方却不领情，反而让她感到郁闷。如果在其他情况下小凤也有类似的反应，这就构成了小凤的一个情绪模式。

进一步来看，小凤这种模式背后的需求是什么呢？小凤自认为是得到认可。她这样做的真正目的，是希望通过支持同事得到同事的认可。

接下来，我们探讨如何得到他人的认可？

向同事提供帮助是获得认可的一种方式，但你可能已经发现，这种认可并非总是能得到，有时你的善意可能会被别人忽视或误解。

那么，有没有其他更可控的方式来获得他人的认可呢？

我们可以考虑以下几种可能的方案。

首先，进行自我认可。也就是说，“我是这样的一个人：我乐于助人，我接受这样的自己，我认可这样的自己。即便是在别人没有对我的帮助表示感谢时，我也因为这是我的选择，我做了我愿意做的事情，所以我依然对自己保持认可。”当小凤能够首先对自己给予认可和接纳，她的内心会更加安宁，更能对外界的期待保持冷静。如果得到了他人的认可，那是好事；如果没有得到，那也没关系，因为这是她自己的选择。

其次，小凤热心帮助他人，肯定已经得到过许多人的认可，因此小凤可以将注意力放在那些值得她关注并且也会认可她的人身上。当小凤在与这些人的交往中得到更多的认可，她内心的需求得到的满足就越多，内在的自信感就越强，因此也就越不容易受到外界的影响，从而形成一种正向循环。

……

当然，获得认可的方式还有很多。关键在于明白自己真正的需求，满足这些需求的方式有很多种形式。当我们将注意力集中在可以控制的方面，并且通过这些可控制的方式满足自己的需求，我们的内在力量就会逐渐增强。

这就是小凤从这件事情中学习到的。

4.2.2　家庭中也不能孤身奋斗

小芳的生活繁忙且充满挑战。作为中层管理者，她要承担很多职责，而在家中，她又扮演着妈妈和妻子的角色。对于自我要求极高的小芳来说，这使她的生活变得更加忙碌，同时也更容易焦虑和急躁。

在家中，她尽可能多地抽出时间陪伴孩子，但她无法控制自己对孩子发脾气，特别是在孩子做作业时出错的情况下，这更会引发小芳的急躁情绪。小芳形容自己发脾气时就像一个被点燃的爆竹，但每次发怒过后，她又深感后悔。

小芳找到教练，希望教练能帮助她保持稳定的情绪状态。

在探讨过程中，教练注意到小芳提到自己最近的情绪状态有所改善。教练抓住了这个机会，问她是什么让她开始感觉到自己有所改变？

小芳回答说，她开始慢下来，整理自己的事情，过去，她总是想一股脑地抓住很多事情，想要做好所有事情，头脑中就像充满着一团棉絮，但是当她开始减慢速度，一边思考一边行动时，她发现自己的情绪变得更加稳定，没有过去那么容易急躁。

小芳补充说，她现在尽量做好角色转换，在工作场所，她是管理者，在家中，她是妈妈。

教练注意到小芳提到了两个角色，于是教练问她是否还有其他需要注意的角色？

小芳想了一会，说还有她自己。

教练追问她："你是否每天为自己留出了一些时间？"

小芳回答说，她总是在空余时间做一些自我照顾的事情，如做美容或瑜伽，但每次做这些事情的时候，孩子总是会找她，所有事情都需要她来处理，这时她就会感到十分内疚，觉得自己没有把全部的时间都花在孩子身上。

"假如你是你心中理想的好妈妈，那么你和孩子之间的关系会是怎样的呢？"

小芳认为，作为理想中的好妈妈，她能给孩子带来安全感，而不是像现在这样，常常发脾气导致孩子害怕。她能给予孩子力量和支持，与孩子和谐融洽地相处，彼此之间的亲密度很高。

"那么，要想成为这样的好妈妈，你需要塑造怎样的自我形象呢？"

小芳觉得，她需要拥有一个稳定的自我。

"那么，何谓稳定的自我呢？"

小芳形象地比喻，稳定的自我就像定海神针，既稳定又充满力量。

她能理解孩子，让孩子感受到爱和支持。她拥有温度，就像暖洋洋的被爱包围的自己。

教练邀请小芳尝试进入这样的状态，去感受这样的自我。在感受中，小芳说当她心平气和的时候，自己就像平静的海面。

通过这样的感受，小芳有了新的洞察。她认识到自己之所以焦虑，是因为过于贪心和急躁，期待过多，仿佛被许多绳子拽着。她需要让自己安定下来，有安全感和确定感，需要好好思考自己真正想要的是什么。

她需要审视一下，为什么自己的精力如此分散。教练问小芳："你在家庭中的注意力在不同角色中是如何分配的？"

小芳开始描述她现在的家庭注意力分配，如图 4-1 所示。

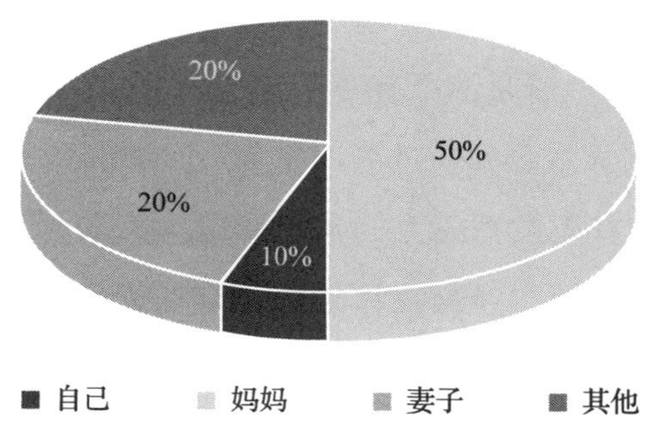

图 4-1　小芳现在的家庭注意力分配图

教练让小芳深思一下这样的角色分配，看看她有何启发？

小芳发现自己分配给自己的关注度太少，给孩子的时间占据了太大部分，同时对配偶的关注也不足。她认识到，她忽视了去发挥她的队友（先生）的能力。

教练再次问小芳，理想的家庭注意力分配应该是什么样子的呢？她给出了这样的比例：自己、母亲、妻子各占 30%，其他角色占 10%，如图 4-2 所示。

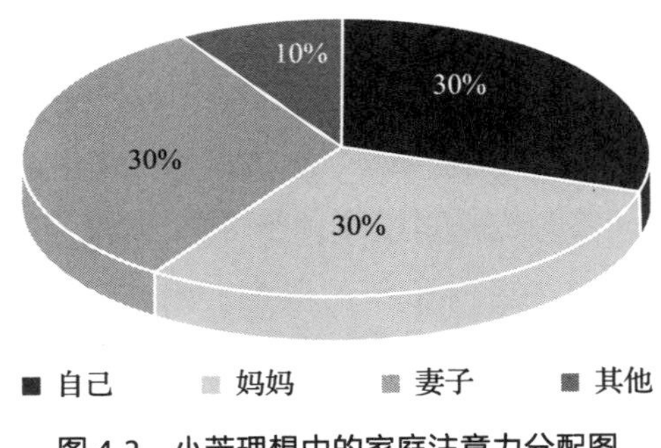

图 4-2 小芳理想中的家庭注意力分配图

教练:“看着理想的家庭注意力分配图,你有什么感觉?”

小芳表示,看到这张分配图,她感到轻松和舒适。如果她真的能按照这样的分配去生活,她肯定能保持更多的耐心和冷静,更多地关注人,而不是总被事情牵着走。那样,她自己也会心情愉悦,家庭氛围也会充满爱和欢乐。那时,她就是那个真正的“定海神针”,保持稳定的状态。

教练:“那么,你打算如何进行调整呢?”

小芳的计划是首先发挥先生的角色和能力。原来,她总觉得先生的教育观念和她的不一致,经常批评先生,导致先生慢慢地放弃了参与许多事情,全家的事务都需要经过她的批准才能进行。她需要放下掌控一切的态度,留下自己真正擅长和必须做的事情,让先生更多地参与家庭事务;其次,她需要学会爱自己,因为只有自己拥有良好的状态,才能很好地调动家庭其他成员。她意识到**家庭和公司一样,需要团队协作,而不是什么事都一个人承担。**

教练:“那么,你打算从哪一步开始行动?”

小芳计划首先和先生一起开会,讨论并整理家里的事务,达成共识,给先生更多的空间和参与度。

最后,教练询问小芳是否实现了最初设定的目标,以及她的收获是什么?

小芳表示,她的收获超出了预期,不仅帮助她清晰地理解了自己的问题，还让她在实际行动上有了明确的方向。

对于自己的收获，她总结道：她认识到自己对自己太苛刻了，生活忙碌而且总是在自责；在孩子身上投入了过多的精力，设定的目标和要求过高，而且总是自己一个人在应对；没有完美的个人，但可以有完美的团队，这句话在家庭环境中同样适用。

确实如小芳所说，无论在职场还是在家庭中，团队合作都至关重要。作为女性，我们不能忘记关爱"自己"。我们应该给自己一些空间（就像教练所做的那样），找到自己的资源、能力和稳定性。只有这样，我们才能发挥出团队合作的力量，找到最适合自己的解决方案。

4.2.3　如何快速完成职场逆袭

我的朋友是一家公司的高管，我们谈到她如何做到迅速的升职时，她分享了自己的经验。我对此也有一些感触。

"工作并不总是快乐的。"

我对此表示认同，工作确实是一种苦乐参半的体验。比如我们每次向企业交付课程时，心情总是既焦虑又充满期待，既紧张又兴奋。当看到学员受益匪浅时，我们会感到极大的成就感；当学员不愿意参与时，我们恨不得把自己变成热爱学习的学员。

"工作中没有友谊，只有利益。"

我对这句话部分表示认同。工作的确与利益息息相关，我曾在一本书中读到一句话，非常认同："企业的最终目标就是盈利。"因此，如果一家企业从不谈论利益，那肯定也是有问题的。但是个人感情不能和企业目标混为一谈。我的好几个好朋友都是在工作中结识的。我们因对学习和成长的热爱而建立友谊。那些认为工作中只有利益的人，可能是因为他们担心自己会受伤，或者他们在过去受过伤害，因此不再愿意在工作中建立友谊。

“向上管理。”

她每次与领导沟通时，都会做充足的准备。在向领导寻求资源之前，她一定会提前思考：“领导真正想要什么，我所做的事情中哪些可以满足领导的需求？”“我提出的方案中哪些可能被领导拒绝，哪些可能被领导接受？”她会从中选择三个选项向领导汇报，而这些汇报都包含了领导的需求，因此每次的汇报都能让她得到自己想要的方案。

她分享道，在过去的几年中，她从人力资源部门转向业务部门，然后又回归人力资源部门。因此，她学会了从多个视角看待问题。在很多情况下，她会告诉人力资源团队，在处理事务时，不应该仅仅站在人力资源的视角，而是要站在业务和公司的视角，这样才能更好地推动工作进程，实现目标。

她非常重视个人成长，有一个类似读书日记的 App，她已经坚持使用并记录了 5 年。她会记录自己读过的图书，学习过的课程，一些感悟，以及每个月的总结和下个月的计划。对于那些向上管理的至关重要的事项，她一定会将其列入清单，并优先完成，然后才开始处理自己认为重要的事情，如出差与各个业务的负责人会面，进行大量的交流等。

有效的时间管理方法。

有效的时间管理是一门艺术。有效的管理者需要估计自己真正可支配的时间，并合理安排长度适宜的整块时间。一旦发现有其他事情开始侵占这个保留时间，他们会重新审视时间记录，削减一些效果不佳的活动。

她说，“时间不可生：时间不可创造；不可扩充：时间无法延长或缩短；时间不可换：时间租不到、买不到、借不到；时间不可逆：错过了就是错过了；时间不好感：大部分人天生无感。”这让我想起了《高效能人士的七个习惯》一书中的一段故事。有位管理者因为无法有效管理自己的时间，导致工作效率低下，失去了一些重要的机会。后来，他开始重新规划自己的时间，以四象限管理时间，将任务按照重要性和紧迫性分为四个象限：重要且紧急，重要但不紧急，紧急但不重要，不重要且不紧急。重要但不紧急的事情，比如建立重要的人际关系，通常需要安排出足够的时间来处理，每次沟通可能需要至少一小时，甚至更长。

书中还提到，彼得·德鲁克曾为一家大银行的总裁提供咨询，两年的咨询期间每个月会见一次面，总裁每次都会为他预留 1.5 小时的时间，都是提前做好准备，且从未被打扰。事务繁忙的总裁，却能如此有效地管理自己的时间。有一次德鲁克终于忍不住问对方“为什么每次都是 1.5 小时？”总裁说，首先这是人最能集中注意力的时限，其次这是一件重要的事情，除非总统和夫人给我电话，其他人都不能在这个时间来找他。而且他们发现，至今也没因为这 1.5 小时而错过任何信息，也没有什么危机是不能等上 1.5 小时再去处理的。

削减一些效果不佳的事务，通常是指那些既不重要又不紧急或者紧急但并非重要的事情，比如，工作中的闲聊、无尽的视频刷取、关注八卦、听取他人的抱怨等。这些事情除了消耗我们的时间，还会消耗我们的精力。

大部分时候，我们只看到了他人成功的一面，却未见其背后付出的努力，我们误以为成功易如反掌。然而，成功的人背后总有他们自己的方法论。

4.3　保持乐观

4.3.1　想要成为人群中那颗闪耀的星，但是信心不足

小林是一位极具专业素养的培训师。她热爱讲课，喜欢分享，但她经常做一些幕后工作，如课程开发、课程逻辑的梳理，以及开课前的教务准备。因为她的热忱和无私的支持，所有人都非常喜欢小林。

然而，小林对此感到非常矛盾。一方面，她乐于助人；另一方面，她又有强烈的表达和分享的愿望。

你是否也有过这样的困扰？既希望支持他人，又渴望走上台前，成为那个引人注目的焦点？既想成为闪耀的明星，又害怕自己的表现不够好？

这样的困惑源于何处呢？

当小林将这个困扰向一位好朋友倾诉时，朋友问她："是什么阻止了你表达自己呢？"小林忍不住抱怨道："别人不理解我。"然而，当小林说出这句话，同时也在思考的时候，她渐渐发现了问题的真相。其实，阻碍她的是自己内心的恐惧，她害怕失败、表现不佳，因此不敢走到台前。这与别人是否理解她无关，问题的关键在于她自己。

在小林意识到是自己内心的恐惧阻碍了她时，她开始重点关注这种恐惧。她发现，每当有机会走上台时，她的脑海中总会响起一个声音："你还没有准备好，你不够优秀，万一失败了怎么办？"在过去，每次这个声音出现，小林就会感到害怕，从而避免走上台，尽管她内心十分渴望走上台。就这样，小林失去了一次又一次的机会。

然而，现在的小林已经意识到，每当机会出现时，那个恐惧的声音就会随之而来。一旦这个声音出现，她的心跳就会加速，这样的紧张状态会阻碍她的思考能力，使得她在决策时陷入两难的困境：要么退缩，要么就像个傻子一般冲上去。

在意识到自己的这种反应模式后，小林开始逐步调整自己的应对方式。首先，她会注意到当恐惧来临时，自己的身体反应——心跳加速。于是，小林开始有意识地关注自己的身体，进行深呼吸，让自己的心跳恢复正常。一旦心跳恢复正常，思维也将逐渐清晰，她开始理智地思考："我是否真的想要走上台？这是我真正想要的吗？如果是，我该如何行动？"在这个过程中，具体的行动方式对小林来说已经不再那么重要，因为这时的她已经可以进行有意识的选择，而非无意识的冲动。

随着小林不断有意识地调整自己，她变得越来越镇定自若，越发淡定。现在的小林已经成了她过去无法想象的自己：一位专业的培训师，成了众人眼中最闪耀的明星，特别是当她站在讲台上时。

那么，你呢？你是否也有过这样的恐惧？你的恐惧背后，又是什么阻碍了你前进的脚步？你是否已经做好准备，去突破这个阻碍呢？

4.3.2　信心不足时，记得你也曾有闪光时刻

今天，小艾临时约见了教练。话题围绕即将举办的一场大型活动，她感觉自己尚未做好充分的准备，内心充满了困扰。

在向教练描述她目前遇到的问题时，小艾的情绪显得有些低落，教练在电话中也能感受到这和平时的小艾有些不同。

"你希望讨论些什么呢？"教练如往常一样询问。

"我想探讨即将举办的一个大型演讲，但我感觉自己还没有做好充分的准备。"

"那今天的讨论，你希望能以何种方式帮助你呢？"

"我希望能找到驱动自己的愿景，从而更好地完成这个任务。"小艾边回答边担心教练会像过去一样，引导她去设想未来的成功场景。

幸运的是，教练并没有按照这个模式去引导，而是细心地询问小艾："你现在想探讨哪个方向呢？"

于是，小艾开始向教练吐苦水，这个项目实际上是被人推着去做的，当初是拍脑袋决定的，也没有人对此给予支持……

教练静静地听着，然后问小艾，这件事情对她有什么样的启示呢？

"什么启示？也就是在做决定时需要深思熟虑，以后不要做什么事情都拍脑袋，要三思而后行。但似乎也不是。但我又在担心什么呢？担心这个活动不会盈利，生气这个项目没有得到足够的重视，看起来只有我在乎。"小艾一边抱怨，语速却明显放慢了。

"假如你真的达到自己期望的状态，你能想象那会是怎样的场景吗？"

小艾想到了"一代宗师"的形象，想到了自己像讲经的唐僧一样，

下面围坐着一圈又一圈的听众。但这个场景，虽然在脑海中浮现，却并没有带给她更多的动力。

“人生中，我们都会做出一些错误的决定。假设这次的选择是个错误，多年后，当你再次回顾这个时刻，你又会如何看待这个错误的决定呢？”

小艾陷入了深思，同时也对教练表示，这是一个好问题。

“如果这是个错误的决定，多年后我可能会觉得没关系。在迈向最终目标的路上，一定会有沟沟坎坎，只要我一直坚持目标就可以了。”小艾回答，“我甚至能看到自己在路上摔倒，但又站起来，拍掉身上的尘土，继续前行。”

“而且我意识到，这次的经历让我学会了独立和承担责任，我总是过于依赖他人。如果我能做到独立和勇于承担责任，能够承担起我应做的事情和责任，那么这件事实际上并没有我想象的那么糟。”小艾在这时才联想到了教练之前的问题。

“邀请你回忆一下，你曾经在做某件事情的时候表现出独立、有担当和笃定，那时的你是如何做到的？感受一下那个状态，深呼吸，锚定那个感觉。”

小艾想起了过去做过的一件事情，那时的她什么都没有考虑，只是抱持着自己的初心，即使只有几个人支持，也要坚持下去。她感受到了内心的笃定和坚持。

小艾在心中再次体验到了那份初心带给她的力量，再次看到了她的人生使命，明白了现在的这件事，就是在通向她的使命的道路上，她需要勇于承担责任，带着笃定的心态，学会独立完成。当小艾想到这些关键词，体验到内心的状态时，她对教练说：“实际上，所有的事情都在支持我，这是关于我的人生使命，而不是别人的。所以，那些我以为不支持我的人，实际上都在帮助我，只是我刚才没有意识到。我要带着感恩的心态面对这一切。”

“接下来，你打算怎么做呢？”教练问道。

“接下来，我打算列出任务清单，把事情梳理清楚。谢谢你！超出我的预期，完美地解决了我的困惑。”

小艾带着深深的感动结束了这场教练约谈，再次感受到教练的支持。挂了电话之后，小艾还感受到教练那份对自己的爱和陪伴。

4.3.3　基于现实的乐观思维

你的生活中有没有遇到过这样的人？他们经常唉声叹气，一旦遇到困难就觉得完蛋了，感觉任何困难都无法解决，等等。这就是悲观的思维方式。如果一个乐观的人面对同样的问题，他会如何处理呢？

我有一个好朋友，她一副女强人的样子，形象鲜明：一头短发，总是穿着正装。她一直希望找到一个与她各方面都匹配的伴侣，但是她的几次恋情都以失败告终。每次当她向我们诉说这些经历时，我们都会告诉她，那些男人不配她。但这些安慰对她并没有多大帮助，她真正想知道的是，她在感情上到底有哪些盲点，为什么她的恋情总是失败。

后来，一个坦率的男性朋友对她说：“你总是用自己的方式与男性交往，你有没有试着站在对方的角度考虑问题？你的个性太强势，你总是要做所有的事情，这使得和你在一起的男性无法展示他们的力量。”听到这个反馈后，她并没有生气，而是承认：“你说得对，我确实有这个问题。这也是我想要恋爱却一直失败的原因。”

这位朋友的思维模式就是乐观思维。它的特点是什么呢？

第一，不要欺骗自己。许多时候，我们把乐观思维误解为盲目乐观。盲目乐观的特点就是自我欺骗。例如，阿 Q 就是个典型的盲目乐观者，当他刚刚创业还未在市场上站稳脚跟的时候，他就幻想自己的企业三五年内就成为上市公司这样的情境。实际上，他只是在自己的头脑中构建了一个虚幻的世界去欺骗自己，这并不是乐观，而是盲目乐观。像我的朋友，她听到别人对她的反馈，即使不太舒服，也没有自我欺骗，而是承认自己就是这样的性格。

第二，每个事件都是独立的。虽然她性格强势，但她仍然相信自己优秀的个性和不断进步的心态能帮助她找到一个适合自己的伴侣。因此，她将自己的精力和注意力都集中在能改变的地方，不断努力成长。

第三，清楚地知道自己真正想要什么。

具备了这三个特质，她就成了一个真正具备乐观思维的人。拥有乐观思维的我们，思维会更加开放和富有创造性，能看到更多的机会。

我发现许多创业者都拥有这种乐观思维，他们具备的特点是什么呢？每当机会降临，他们首先能洞察到这种趋势，同时又能迅速地做出反应和行动，因此他们能一次又一次地抓住机会。而盲目乐观的人，可能仅仅看到了趋势却没有采取行动。相反，悲观的人在面临机会时，总是过度分析，“这看似好事，但后面可能有隐情，你知道他们背后的真正意图吗”，等等。

如果将悲观的人和乐观的人进行对比，他们之间的区别是什么？从时间的角度看，悲观的人认为一生都会如此，而乐观的人会认为只有这一件事情是这样的。从空间的角度看，悲观的人觉得所有事情都如此，乐观的人则认为每一件事情都是独立的。悲观的人常说“我无法改变，我无能为力”，而乐观的人会想“我能做些什么，我能从这里学到什么，我应该怎么去做”。

我要给大家提供三个问题，当我们陷入盲目乐观或悲观时，这些问题可以帮助我们重新回到乐观思维的状态。

第一个问题：“这件事情是暂时的还是永久的？是只有这一件事情是这样的，还是所有的事情都是这样的？”如果你最近遇到一些挫折，比如失恋、被老板批评或者项目失败，使你感到沮丧、悲观，当你回答这个问题时，你的答案一定会是：这个事情是独立的，只有这一件事情是这样的。

第二个问题："我从这件事情中学到了什么？"

每一件事情，无论成功还是失败，都有其价值。如果成功，我们会尝试去复制它；如果失败，我们要在事情过后去深入思考，从这次经历中我学到了什么。当我们能真心实意地从失败中学习到知识和技能，我们就会由衷地说出"一切都是最好的安排"。

第三个问题："我理想中的情景是什么？如果未来再遇到类似的事情，我应该如何行动？"

我们要结合失败的经验，吸取其中的教训，并在新的项目或情况中，思考该如何采取行动，制订行动计划。

每当发现自己陷入悲观思维或感到无力时，我们都可以通过这三个问题提醒自己。

基于现实的乐观思维的特点是：首先，不要欺骗自己；其次，专注于你可以改变的事情。我们都知道，你的注意力在哪里，你的能量就在哪里，你的行动就会产生改变，结果就会相应出现。我们应把注意力放在"我可以做些什么"的问题上，因为这对我们来说是可控的，而且还会产生行动的力量和勇气。

当我们长期这样去反思和学习，我们会逐渐培养出乐观的思维方式，遇见那个本来就优秀的自己。

要点

1. 发现卡点：可以使用一个特定的句式来帮助自己寻找困扰自己的模式。这个句式是："每当……的时候，我就会觉得……，然后我就会……。"例如，"每当我花钱的时候，我就会害怕没有钱会让我产生不安全感，因此我就会计算很久”或者“每当有人不同意我的观点的时候，我就会非常生气，然后我就会和对方发生争执”，等等。

自我教练提问：

1）当我被卡住的时候，我的想法是什么？

2）这时我会有什么感受？

3）我会下意识地做出什么样的反应？

2. 穿越障碍：运用“超级悲观思维”来穿越障碍，即设想可能的最坏结果，了解即便出现最糟的情况也未必那么可怕，这样人们反而可以放下担心和害怕，将能量集中到手头的任务上。这种方法尤其适合完美主义者，可以帮助他们接受并理解事情可能不会完美，而这并不是什么大问题。

自我教练提问：

1）如果我失败了，可能会出现最糟糕的情况是什么？

2）我心中最大的恐惧是什么？

3）我现在可以采取的一小步行动是什么？

3. 保持乐观：基于现实的乐观思维有两个关键要点：首先，不要欺骗自己；其次，专注于你能改变的事情。

自我教练提问：

1）这件事情是暂时的还是永久的？

2）我从这件事情中学到了什么？

3）未来理想的情况是什么样的？

第3篇

拓展思维，成长是不变的主题

士别三日，当刮目相待。

——宋 司马光《资治通鉴·孙权劝学》

成为自己的人生教练

第 5 章

智慧：拓展思维空间

只要意愿足够强，任何人都可以成为自己头脑的雕刻家。

——诺贝尔生理学或医学奖得主　圣地亚哥·拉蒙－卡哈尔

（Santiago Ramón y Cajal）

5.1　认识大脑

5.1.1　大脑如何影响我们的生活

人与人之间的核心差异在于各自的思维方式。大脑是支撑我们思维的物理基础，通过持续发展和改变我们的思维方式，我们能实现生活的幸福。

1. 三脑原理

在《教练式沟通：简单、高效、可复制的赋能方法》一书中，我们介绍了保罗·麦克莱恩（Paul Maclean）提出的三脑理论（Triune Brain Theory）。这个理论根据人类大脑在进化史上的发展顺序，将大脑分为爬行动物脑（Reptilian Brain）、哺乳动物脑（Paleomammalian Bain）以及大脑新皮质（Neomammalian Brain）三个部分。爬行动物脑主要负责人类的本能，哺乳动物脑负责人类的情感反应，大脑新皮质则是人类进行理性思考、制订计划和解决复杂问题的关键区域。

有些读者表示，希望我们能进一步阐述教练如何运用三脑理论。因此，我们决定用更易理解的方式再次向大家解释这个理论。

从大脑进化的角度看，最先进化出来的是爬行动物脑。说到爬行动物，你能想到哪些呢？蜥蜴、鳄鱼和蛇等都是典型的爬行动物。

想象一下，你不小心触到火焰，你的下意识反应是什么？是不是在大脑甚至来不及思考的情况下，你就迅速地抽回了手？如果有一天你在树林中突然看到一条蛇，你会怎么反应？有些人可能会立即转身逃跑，有些人可能会冲上去打它，有些人则可能会吓得僵住。这些都是本能的反应，包括打、跑、僵三种方式。

这就是爬行动物脑的功能所在，负责人类的本能反应，因此在功能上我们也将它称为本能脑。打、跑、僵反应的背后，是我们对安全和自我保护的需求。所以当我们感觉到自己处于不安全的环境中时，第一反应就是采取打、跑、僵中的一种行动。在教练式沟通中，当对方陷入打、跑、僵的状态时，教练式对话就无法正常进行。

随着生命的不断进化，我们进化出了哺乳动物脑。想想看，哺乳动物有哪些呢？猫、狗、狼、熊猫等。这些动物的共同特征是什么？他们都拥有更复杂的情感和追求归属感。因此，我们也将哺乳动物脑称为“情绪脑”。群体中的个体需求包括认同感、被接纳、被关注、尊重、信任和爱。由于情绪脑对声音非常敏感，因此语音和语调能传递情绪，也会影响我们的情绪。即使是相同的言辞，例如“我爱你”，在不同的语调下，听者会有不同的感受。

然后，人类继续进化，发展出了大脑新皮质，这是人类独有的大脑结构，即我们通常所说的大脑皮层。在功能上，大脑新皮质被称为“视觉脑”。例如，我现在手上有一个橙色的橘子，大家都可以看到。如果我将橘子藏起来，邀请你再想象刚才的橘子，你还可以想象出它的颜色和形状。这就是人类大脑的视觉化功能，即使没有实物，我们也能在脑海中“看到”它。

那么，我们的建筑是怎么来的呢？其实，建筑在被建造之前，首先出现在设计师的头脑中。在史蒂芬·柯维的《高效能人士的七个习惯》一书中，他提到成功的两个步骤：首先是想象，然后是行动。

大脑新皮质的主要功能是设计、创新、逻辑、推理、愿景。我们可以通过提问、引发好奇心、想象画面等方法激活大脑新皮质。

那么，这三个大脑区域是如何协同工作的呢？它们与教练的关系又是什么？当我们得到认可时，我们的情绪会变得愉快轻松，而当教练邀请客户进行想象时，客户的大脑新皮质就会开始思考和创造，从而使行动变得更加高效。当我们被团队排斥，感到被孤立时，我们会感到恐惧、忧虑和焦虑。在这样的负面情绪中，我们可能会回到爬行动物脑的反应模式，即“打、跑、僵”，而不再进行思考和创新。

要想实现高效的行动，我们需要三个大脑区域协同配合。爬行动物脑在后台稳定运作，保证我们的生存，不会让我们因过度压力而产生僵化的条件反射。情绪脑负责保持对未来的积极期待，提供行动的动力。大脑新皮质则提供指引，帮助我们在现实中寻找资源，以创造出与理想画面相匹配的现实。

在此补充说明几点：首先，尽管这三个大脑区域在不同年代演化而来，但新结构出现后，旧的结构仍在不断进化；其次，在解剖学上，这三个大脑区域有相互重叠的地方，区分它们非常复杂；再次，这三个大脑区域是在不断地交流和互动的。例如，情绪并不完全集中在情绪脑中，而是分布得相当广泛。如果食物的气味在情绪脑中引起了厌恶感，这种感觉可能会传达到爬行动物脑和大脑新皮质，前者可能引起呕吐的冲动，后者让人远离那种食物。

“三脑模型”是一个极其简化的模型（见图 5-1），它并不足够准确，但它便于我们理解大脑的基本功能。我们的目标是激发人的认知、情感和行动，促使大脑各区域联合工作，共同努力，从而形成一个流动的过程，实现三脑合一的协调状态，所谓“三脑合一，所向披靡”。

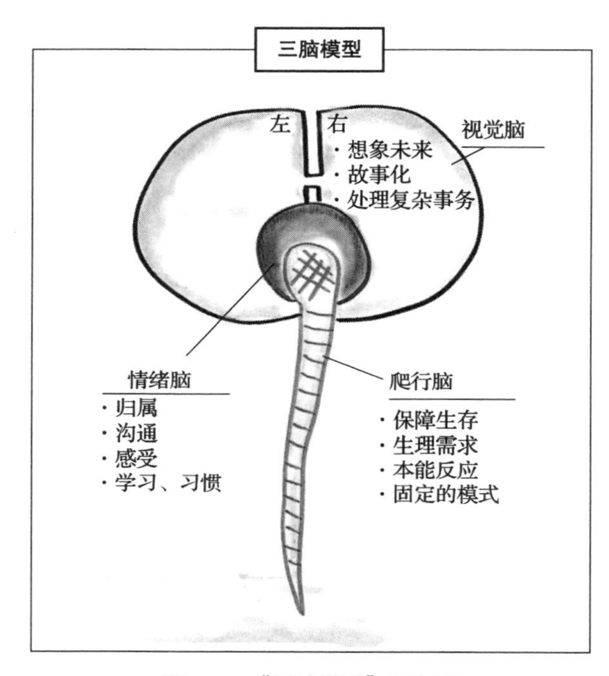

图 5-1　“三脑模型”示意图

2. 关于大脑的其他知识

除了三层脑的划分，我们还常听到大脑的其他划分方式，如上下脑、左右脑、前后脑等。这些都是根据大脑不同区域的特定功能进行划分的。实际上，我们不能孤立地看待大脑的各个部分。大脑是一个统一的整体，复杂的神经活动需要大脑各部分的协同工作。

（1）**大脑并不关注无趣的事务。**相较于中性的事件，人们更容易记住那些能引发情绪反应的事件。为何各种吸睛的“标题党”文章如此之多？

为何人们喜欢关注一些令人震惊的社会新闻？因为这些都能成功地吸引大脑的注意。大脑的工作方式就好比我们阅读的新闻推送，它会根据你的阅读喜好为你推送相似类型的新闻。当大脑越来越关注某类事件时，对这类事件的反应速度就会变得更快。

如果想让大脑记住一些事情，在描述细节之前，首先要建立起意义和联系。如果你想记住某些信息，不要从细节入手，而应该从核心理念出发，并按照层次方式，围绕这些大概念形成细节。实际上，思维导图就是这样的一种工具。

大脑并不能进行多任务处理，当一个人在工作过程中被打扰时，他需要比原计划多出很多的时间来完成任务，且出错的概率会增加很多。

由于大脑并不关注无趣的事务，因此，作为讲师，在讲解过程中，每 20 分钟调频一次将能更好地吸引学员的注意力。大脑喜欢层次感和结构，所以每 20 分钟的教学可以看作一段教学单元。并且，我们还需要一些“饵料”来引发学员的情感，这些“饵料”需要与主题相关，可以激发学员的兴趣。

（2）短期记忆取决于最初的几秒。关于记忆的一些研究发现，学习过程中，一个人建立的记忆触发点越多，他日后接触到这条信息的可能性就越大。我们可以围绕内容、时间、环境来添加记忆触发点。例如，通过讲故事的方式可以帮助记忆，因为它能链接新旧知识，而引人注目的开场白则可以吸引人们的注意力。

（3）长期记忆依赖于规律的重复。这部分可以对情绪记忆（也比喻为“内在小孩”）的理解带来新的视角。当记忆被唤起时，究竟发生了什么呢？当固化的记忆被唤醒至意识之中时，它会再次变得易变且不稳定；随后，记忆会再次固化。因此，青少年时期形成的记忆与成年时的回忆往往大相径庭。大脑会为了让故事连贯，插入一些不实的信息。所以，我们的“内在小孩”的感受是真实的，但事实可能经过多次的重新编码。利用这一机制，我们也可以重新编码和重塑我们的记忆，让我们的“内在小孩”成长，改写那些曾经受伤的故事。

（4）**压力会损害人的大脑。**压力的反应机制是我们生存的保障。然而，我们的祖先只在面临生存威胁时才会感受到短暂的压力，而现代人却时刻都在工作和生活中的各种压力中挣扎。我们的应对机制并没有适应这些压力，这就是为什么我们会感到不适。当压力导致的激素在我们体内积累过多，或者这些激素在我们体内滞留过久，它们就会对我们的身体造成损害。长期处于压力之下会导致人们产生“习得性无助”。

过度的工作压力会降低人们的工作效率，进而导致低绩效。适度的压力对有抱负的员工可能有益，前提是他们能在可控性和不可控性之间找到平衡。

我们经常告诉员工不要把情绪带到工作中来。然而，员工的个人问题与他的工作之间不存在“防火墙”，因为我们只有一个大脑，不能因为工作和家庭的不同而分开使用。工作影响家庭生活，从而在家庭中产生更大的压力；反过来，家庭中的压力也会引发更大的工作压力，形成恶性循环。

（5）**大脑偏爱多感官体验的世界。**这一点我们可以在课堂上充分利用，打造一种多感官共存的教学环境。视觉、听觉、嗅觉、触觉和味觉，都为大脑提供了丰富的体验。愉快的感官体验产生积极的记忆。杏仁核不仅监管情绪体验的形成，同时也管理着情绪体验的记忆。因为气味能直接刺激杏仁核，就好像气味直接刺激情感一样。

（6）**大脑的工作模式因性别而异。**女性的大脑能同时使用两个半球，男性的大脑通常只使用一个半球。女性的大脑半球间通常有浓密的神经纤维连接，男性的则较为稀薄。这就好像女性有一个备用系统，男性则没有。

这里有一个生动的例子可以说明以上差异。

两个女性一起出游，其中一个问："你渴了吗？"另一个答："不知道。你渴吗？"然后，她们一起决定停车买水。

但是，当一对新婚夫妇出游时，妻子问："你渴了吗？"丈夫回答："不，我不渴。"结果那天他们大吵一架，妻子生气是因为她想停车买水，而丈夫生气是因为妻子没有直接表达自己的需求。

丹尼尔·亚蒙（Daniel Amen）博士是一位美国脑部影像学专家。在他的诊所中，他为病人进行单光子发射计算机断层扫描检查，从而积累了十多万张大脑扫描图像，并撰写了多部关于大脑的专著。在他的作品《女性脑》中，他深入探讨了女性大脑与男性大脑的区别。

他指出，女性更倾向于使用右脑，这使得她们能够注意到更多的信息，并将其关联起来，因此直觉更准。女性的前额叶更为发达，自控能力更强，因此很少有冲动和冒险的行为。此外，女性具有更强的共情能力，这有助于在团队中达成共识，符合现代社会对领导力的期望。男性的 5- 羟色胺（别名"血清素"）水平比女性高出 52%，血清素能产生愉悦感，使人更自信。这也解释了为何男性在镜子前总是看到更好的自我形象。而在女性的大脑中，前扣带回区域更活跃，这是有助于注意力转移和错误检测的脑区。因此，女性在处理事情时可能会显得思虑过多。当然，适度的担忧可以让女性更有风险意识，在遇到问题时勇于承认自己的不足，并更能寻求帮助。

若能善用女性大脑的五大独特优势——直觉、共情、合作、自我控制以及适度的担忧，女性将会更健康、更自信、更幸福。

（7）**人类是天生的探险家。**成人的大脑在某些区域依然保持着像儿童大脑的可塑性。因此，我们的大脑能够形成新的连接，强化现有的连接，甚至生成新的神经元，我们都能成为终身学习者。孩子们的求知欲是一个纯粹的驱动力，它就像钻石一样透明纯净，又如同巧克力一样诱人。作为成年人，我们的首要任务就是保护他们的好奇心。

3. 神经可塑性

我们的大脑不是固定不变的，而是可以发展的。神经科学家们发现我们具有神经可塑性（neuroplasticity）。神经可塑性指的是大脑作为对经验的反应，产生新的神经连接以及新的神经元的能力。神经可塑性会伴随终生。

神经科学家格拉夫曼认为，只要给予帮助，人的大脑终其一生都可以不断发展和改变，即使在受伤之后仍然可以。他提出大脑有以下四种可塑性。

第一种是“地图扩张”(map expansion)，是指在不同区域边界的神经元实时地做出工作性质的改变，以处理当下的工作。

第二种是“感官重新分配”(sensory reassignment)。比如盲人，当视觉皮质没有接收到正常的刺激时，就可以接收触觉信息。

第三种是“补偿性伪装”(compensatory masquerade)，又叫作代偿（compension）作用或替代策略（alternative strategies），是指大脑用不止一种处理方法来执行一个作业。例如，有人用地标认路，有人用方向感认路，假如后者因脑损伤失去了空间方向感，他们还可以用地图地标认路。

第四种是“镜像区域接管”(mirror region take-over)，即当一个脑半球有些区域不能正常工作时，另一个脑半球相对应的区域可以接手这项工作。

这些可塑性表明我们的大脑具有强大的适应能力和发展潜力。

在《刻意练习：如何从新手到大师》一书中，安德斯·艾利克森博士（Anders Ericsson，Phd）提到为了记住伦敦复杂如迷宫一般的街道，伦敦出租车司机大脑中负责空间记忆的海马体比一般人大，而小提琴家由于长期训练左手在琴弦上的细微动作，其大脑中表征左手的区域发生了惊人的生长与扩展，这些人通过刻意练习发展了他们大脑中特定区域的能力。

心理学家丹尼尔·西格尔（Daniel Siegel）提出了“心智洞察”（Mindsight，见《第七感：心理、大脑与人际关系的新观念》）的概念，是指我们感知自我和他人的能力，使我们能够看到自己的心理活动。我们可以像锻炼肌肉一样，通过有效的步骤培养这种能力，实现心智“整合”，让我们具备灵活、适应、一致、活力、稳定的能力。

心智洞察的核心是反思能力，其要素包括开放、观察和客观。开放意味着接受事物的本来面貌；观察意味着意识到自己的想法、情绪和记忆；客观意味着不被自己的想法和情绪淹没，认识到它们只是心理活动，并非现实。

总之，人与人之间的核心差异在于各自的思维方式，我们可以利用大脑的可塑性，通过刻意练习和心智洞察能力的培养，发掘自己的潜力，实现更高的人生境界。

5.1.2 运用智慧的大脑，让身心更健康

1. 如何锻炼我们的大脑

《大脑天性：创造高效心智的人生指南》提出我们可以从七个方面锻炼大脑，具体包括：身体运动、休息和恢复、营养优化、认知训练、情绪管理、社会化和协作增效。以下为每一个部分的要点。

（1）身体运动。运动不仅有益于身体健康，还能提高大脑功能，修复受损的脑细胞，并减缓大脑老化。因此，我们建议进行短时长、高频率的运动，运动计划应包括心肺训练、阻抗训练（对抗外部阻力使肌肉收缩）、柔韧性训练和神经运动训练。将瑜伽、太极、舞蹈和心肺运动相结合，可以对大脑产生交叉训练效果。当感觉大脑不够灵活时，我们可以尝试一些简单的运动，如仰卧起坐、俯卧撑、30 个开合跳或散步，都有助于重启大脑。

（2）休息和恢复。睡眠质量对身体和心理都有重要影响。大脑需要在睡眠中完成排毒。宾夕法尼亚大学的研究表明，在排除体重、吸烟饮酒习惯、糖尿病、高血压等变量影响后，每晚睡眠少于 6 小时的人更容易早亡。除了睡眠，散步和拉伸是主动的休息方式（身体运动），被动休息包括看电视（基本不用动脑）、阅读、泡澡和开怀大笑（身体情绪状态变化带来的辅助效果）。因此，我们建议最好每工作 90 分钟休息一次，并在中午小憩 30 分钟。

（3）营养优化。食物是大脑的燃料。尽管大脑仅重约 1.4 千克，但在休息时仍需消耗人体全部热量的 30%。健康大脑的 60% 是脂肪，葡萄糖是大脑能量的来源，因此糖和脂肪都会启动大脑的奖赏中心。

胃肠被称为第二大脑。英文中有一个表述叫“Gut feeling”，用来指代直觉（gut 在这里表示消化道）。胃肠神经系统包含超过 30 种神经递质，95% 的 5- 羟色胺存在于肠道，而它恰恰是调节幸福感的神经递质。另一个重要的提示是要多喝水。

（4）认知训练。同样一件事，每个人的反应不同，往往是因为不同的人对事情的看法不同。有些人缺乏思维的灵活性，有些人习惯于把事情想得很糟糕，这些都会影响我们的生活。

我们把注意力集中在哪里，就会把认知资源导向哪里，并直接激活大脑相关领域的神经元放电。这意味着，神经可塑性可以由注意本身激活。这是一把“双刃剑”，如果你让自己聚焦未来，关注积极正向和进步的方面，你就能有更多的积极情绪、创造性和行动力。如果你总是聚焦问题，关注负面消息和自己差劲的地方，就容易让自己情绪内耗、缺乏信心和不愿意采取行动。所以，我们可以通过引导自己的注意力提升自己的认知水平。

认知训练是通过各种思维活动锻炼大脑功能的，如阅读、写作、解谜、下棋、学习新技能等。这些活动可以增强大脑的神经连接，提升记忆力、注意力、思维速度等认知能力。尝试不同类型的认知训练，可以使大脑更具适应性，防止认知衰退。

（5）**情绪管理。**情绪管理是指如何识别、处理和调节自己的情绪。情绪会对我们的生活和大脑功能产生重要影响。焦虑、抑郁、愤怒等情绪可能导致大脑功能受损，降低生活质量。学会识别和调节情绪有助于保持大脑健康，可以尝试呼吸练习、冥想、教练、心理咨询等方法改善情绪管理能力。

（6）**社会化。**人类是社会性动物，与他人建立和保持良好的人际关系对大脑的健康至关重要。社交活动可以帮助大脑释放正面化学物质，如多巴胺、催产素等，增强大脑的神经连接。积极参与社交活动，如参加聚会、志愿者活动、俱乐部等，有助于保持大脑活力。

在无事可做时，人的大脑会进入**默认模式网络**，会本能地思考社会问题。归属感是我们的核心需求之一（详见第8章）。被排斥会让人痛苦，和身体疼痛激发的是大脑的相同区域。而单纯从别人口中听到自己被重视、被欣赏也会像其他更有形的奖励一样激活我们大脑的奖赏系统。

（7）**协作增效**。协作是指与他人共同合作以实现共同目标。协作能让我们学会有效沟通、解决问题、处理冲突等重要技能，有助于提高大脑的适应性和创造力。在工作和生活中寻求合作机会,可以提高大脑功能,实现个人和团队的共同成长。

通过上述方法,我们可以提高大脑功能,实现更健康、快乐的生活。

2. 以教练的方法锻炼大脑

我们前面提到过,身心是一个整体,大脑是司令部,指挥身体,反过来也受到肠道(被称为第二大脑)、心脏和身体的影响。因此,锻炼大脑会促进身体能力的发挥,而锻炼身体也会促进大脑的健康。认知训练是直接针对大脑的锻炼,在这方面,教练的方法会非常有帮助。

云鹏和爱芬是培训师和教练。教练的职责是帮助人们实现改变。很多时候,人们在面对问题时陷入了无效的思维模式。教练之道为我们提供了一套扩展思维模式的方法,背后借鉴和整合了心理学、脑神经学、社会学、管理学、医学等学科的知识和方法。作为教练,我们改变了自己的思维模式,从而改变了自己的人生,也影响了其他人的改变。

教练需要了解大脑的运作,比如美国的艾米·布兰(Amy Brann)就专门写了一本书《教练的大脑:基于神经科学的思维训练》。那么,教练过程如何提高神经可塑性呢?具体方法如下。

(1)打破旧循环,树立新目标。当人们一遍又一遍地思考问题时,他们重复了旧的思维模式,增强了导致问题的神经网络连接,因此看不到其他可能性。教练引导被教练者畅想未来愿景,打破了这个循环。根据社会建构主义理论,人的现实是建构出来的。目标实现的未来本不存在,但当人们能够描述栩栩如生的未来画面时,未来就存在了,新的神经连接在大脑中建立了。畅想愿景会带来能量提升和积极情绪,被教练者会有动力实现目标,从而增强新的神经连接。

(2)引导人们的注意力。当人们只关注问题,甚至跟问题死磕时,他们的能量都在问题上，反而忽略了目标。教练引导被教练者畅想未来愿景，就是在引导他们将注意力从问题转向目标。当关注目标、看到更多可能性时，原来的问题可能不再是问题，或者不一定需要解决，或者被教练者更有动力去解决。关注所向，能量所在，被教练者的能量就会聚焦到实现目标上。

（3）**学习新的思维模式。**教练首先要提高被教练者的觉察力，让他们发现自己的思维模式；然后，通过有力的提问，帮助被教练者看到之前忽略的现实，发现对自己重要、想要的事物，发现被自己忽略或遗忘的能力、资源和优势，以及发现自己的社会支持系统。

有很多教练工具可以训练大脑。在《教练式沟通：简单、高效、可复制的赋能方法》一书中，我们分享了“换框八法”和“平衡轮”，在本书第 5 章中将和大家分享“逻辑层次”和“时间线”，这些方法有助于被教练者在人生道路上实现更大的成就和改变。

5.2　拓展思维

5.2.1　打通逻辑层次，拓展思维空间

1. 什么是逻辑层次

逻辑层次是教练经常使用的工具，几乎每次教练过程中都会应用到。人们在思考决策和处理事情时，会有不同的逻辑层次。美国著名教练罗伯特·迪尔茨（Robert Dilts）参考了人类学家格雷戈里·贝特森（Gregory Bateson）的神经逻辑层次，发展出一个逻辑层次模型（见图 5-2），将人的思维层次分为六层，从上到下分别为：精神 / 愿景 / 系统、身份、信念与价值观、能力、行为、环境。

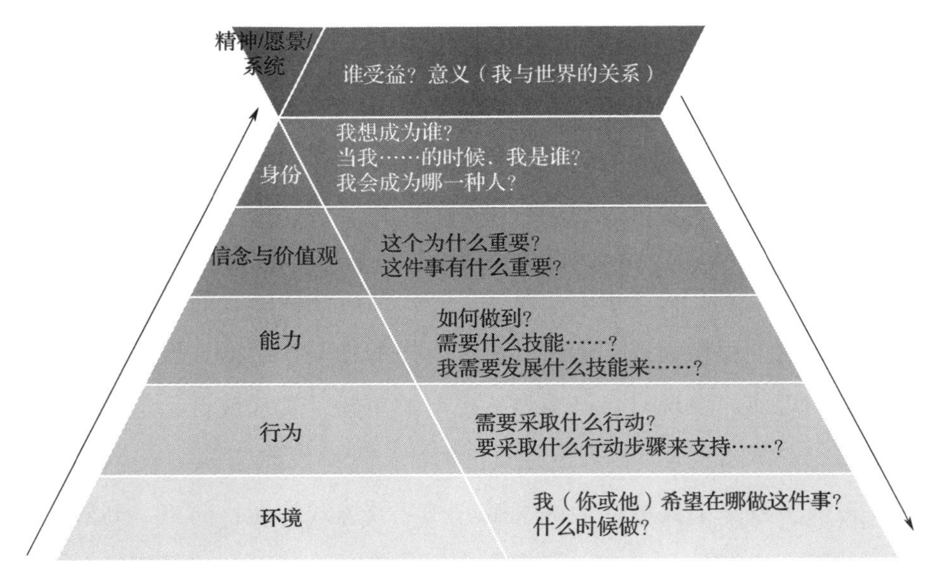

图 5-2　逻辑层次模型

各层次的具体含义如下。

精神 / 愿景 / 系统：表明个体与世界上其他人、事、物的关系，个体的行为会给谁带来益处，世界因个体的存在将如何改变，回答“还有谁”的问题。

身份：人们如何看待自己，即以何种身份实现人生的意义，回答“我是谁”的问题。

信念与价值观：为了配合愿景和身份，人们需要怎样的信念和价值观，回答“为什么”的问题。

能力：个体可以做出哪些选择，已经具备和需要具备哪些能力，回答“如何做”的问题。

行为：能力的实际发挥，回答“做什么”的问题。

环境：行为的时间和地点，回答“何时何地”的问题。

通过了解各层次的含义，我可以辨识对方表达的是哪个层次。

例如，以下六句话分别匹配了六个层次。

我在创业公司工作，身边都是 90 后——环境

我最近每天和好几波客户开会——行为

我不擅长做互联网营销——能力

责任感对我来说非常重要——信念与价值观

我是传播好学问的信差——身份

支持他人终身成长、持久改变，活出蓬勃喜悦人生——精神 / 愿景 / 系统

许多人可能将角色误认为身份。身份可以想象成钻石的核心，每个面代表不同角色，如经理、教练、父亲、儿子、先生、作家、培训师。身份描述了“我是一个怎样的人”，如“传播好学问，支持他人成长的人”，无论你在扮演哪一个角色，都会体现出身份的特质。

逻辑层次模型最上层被称为“精神”“愿景”或“系统”，代表人生意义、精神追求以及我们与他人的联系。这三个词都强调我们的社会属性，只是从不同的角度进行描述。从个人层面讲，一个美好的人生只需在前五层中表现得通透，但如果想要赋予人生更大的意义，就需要考虑“我们给别人带来了什么价值”。因此，最上层体现的是我们给社会和世界带来的不同影响。

逻辑层次模型可以帮助我们更好地理解和解决问题，提高沟通效果。通过辨识对方表达的层次，我们可以更有针对性地回应，从而提高沟通的效果和建立更紧密的联系。同时，我们还可以运用逻辑层次模型来分析自己的想法和行为，从而实现自我成长和提升。

2. 逻辑层次的应用

逻辑层次就像一个倒放的冰山，人们看到的是我们在所处环境中展现出的能力和行为，然而，在水面以下更大的部分是关于价值观、身份

和愿景层面。那么，理解逻辑层次有什么用途呢？

第一个应用：解决问题。

爱因斯坦说过，人不能用制造问题的思维来解决问题。我们经常陷入某些低层次的困境，这时应该在更高的层次解决问题。例如，在行为层面遇到的问题,可以从能力层面寻求解决方案。如果能力层面不能解决，再从价值观层面寻找解决方案。上层可以覆盖并解决下层出现的问题，而下层很难解决上层出现的问题。

举例来说，李洛每次陪孩子写作业时都会发生冲突，这是在行为层面的问题。在能力层面，李洛缺乏耐心。往上一层，我们发现李洛拥有“成就”的价值观，因此当她发现孩子写作业不专注时，会在价值观层面产生不认同。

再往上看，在“身份”层面，李洛是一名教练，她的职责是帮助别人成长，其中也包括自己的孩子。从身份层面向下推导，李洛需要将“慈爱”作为核心价值观，并培养“有耐心”这个能力。实际上，李洛对客户可以表现出足够的耐心。因此，行动上需要将对待客户的耐心迁移到陪伴孩子的过程中。

通过从更高层面向下推导，我们可以更有效地解决问题。

第二个应用：策划如何达成目标。

例如，如果你的目标是成为某一专业领域的知名人士，也可以从上往下策划。

首先描绘愿景，设想当你已经成为某一专业领域的知名人士时，你会看到什么、听到什么、感受到什么、你在哪里、你身边有谁、谁会因此受益，接着考虑那个时候你是谁（身份）、需要具备的能力、要做的事情以及何时何地实施（环境）。

第三个应用：沟通中提高影响力。

我们把逻辑层次分成上三层和下三层。观察身边的人，你会发现有些人的思维习惯经常在高层次，而有些人的思维习惯经常在低层次。

习惯于低层次思维的人会经常考虑“我要锻炼什么能力”“我要做什么事情”等问题，他们的行动力很强，每天都很忙碌，但可能不明白为什么要这么忙，因此会感到迷茫。到了中年，这些人可能会面临所谓的“中年危机”，找不到使命和人生的意义。

人到中年，有些人开始思考“此生为何而来”，寻求在愿景、精神和系统层面的答案，于是，他们开始参与慈善和公益活动，试图投身于更大的事业中去寻找人生的意义。

而那些习惯于高层次思维的人，他们常常谈论愿景、身份和价值观等概念性话题，给人一种特别高大上的感觉，但他们的行动力可能相对较弱。他们需要关注实际行动，将这些高层次的想法付诸实践。只有这样，他们才能真正实现自己的目标和愿景。

这两类人在沟通时会有差异。举个例子，李洛原来有一个领导，他的思维习惯在上三层，而李洛在下三层。

有一次，李洛带着一个选择题去找领导沟通。她说：“领导，经过研究，我为这件事制定了两个方案，A 和 B。您觉得我们应该选择哪一个？”一般来说，像李洛这样的下属已经很不错了，她提供了方案并让领导做出选择。

然而，这位领导总是让李洛感到沮丧，因为他从来不明确告诉李洛选择 A 还是 B。他会告诉李洛：“我们做这件事的目的是……，我们要达到……效果，这件事完成后应该是……，它对别人有……帮助，以及体现了我们的……价值。”结果，当领导说完后，李洛仍然不知道应该选择 A 还是 B，感到非常崩溃。

后来，李洛学习了逻辑层次后，发现问题出在双方沟通模式的差异上。因此，当李洛再次征求领导的意见时，她不再问选择 A 还是 B，而是先向他描述：“领导，我做这件事情的目的是……，如果完成了之后会……为了满足这些条件，我需要选择 A。”果然，领导对她的选择没有提出异议。

在日常沟通和合作中，运用逻辑层次可以帮助我们更好地与他人沟通，发挥自己的优势，弥补不足。当遇到与自己思维层次不同的人时，你可以尝试从对方的角度思考问题，找到共同的话题，以增加沟通的效果和影响力。

第四个应用：与他人进行更深层次的交流。

当欣赏和感激他人时，我们可以更多地表达对他们在逻辑层次上三层方面的认可。例如，当对方表示自己是一个“负责任”的人时，你可以举例说明对方做过的某件事，展示他们的“责任感”，试着理解并赞叹对方行为背后的正面意图（包括价值观、身份和愿景）。这样，对方会觉得你更加理解他们，从而使你们的交流更为深入。

相反，在给他人提供发展性反馈（期待他人有所改变）时，尽量关注行为和能力层面，并具体论述。避免批评对方的上三层，因为这可能让对方感觉受到了人身攻击。

通过理解和运用逻辑层次，我们可以更好地认识自己和他人，更有效地解决问题，实现目标，以及提升人际沟通能力。

3. 逻辑层次案例——如何从角落里出来

小凤刚离职，目前有一个新的机会，新公司的入职时间待定。小凤为此焦急万分，她已经向新公司询问过几次，但他们始终让她等待。

小凤厌恶这种等待的状态，她每天都十分焦虑，似乎做什么事都无法专心完成。尽管小凤对自己的状态十分不满，但她却无法控制自己的情绪。为此，她希望通过进行教练式对话帮助自己调整。

以下是小凤与教练的对话

“你真正希望的是什么呢？”教练听到小凤的纠结和焦虑后，问道。

小凤：我只希望能得到这份工作。

教练：那么，得到这份工作对你来说，意味着什么呢？

小凤：意味着我可以通过这个工作机会学习更多的东西，把所学应用到实际中。

教练：能得到这份工作并能学有所用，对你来说非常重要。那么，如果你得到了这份工作并能应用所学，那时的情景会是什么样子呢？你能描述一下吗？在这个场景中你看到了什么？听到了什么？感受到了什么？

小凤目光投向前方，开始描绘她理想中的工作场景："我看到自己以全新的方式工作，工作充满创意，我和同事、客户的关系十分融洽。当在工作中遇到突发事件，我能平静且从容地应对；我听到老同事赞赏我，新同事也愿意和我一起工作；我感受到内心的平静和活力。"

教练：那时候的小凤是什么样的小凤呢？

小凤：那时的我会充满活力，具有创新精神，能从多角度考虑问题。

教练：能活出这样的你，对你的意义是什么呢？

小凤：因为我对自己过去在职场中的表现有一些不满意的地方，所以我希望在新的团队中能够找到自己成长和贡献的机会。

教练在之前的几个问题中，从逻辑层次上针对愿景、身份、价值观三个方面进行了提问。许多时候，当人们被当前的情境困扰，他们会急于采取行动，结果却像攀登一座大山一般艰难。穷尽全力后发现路仍无法通行，所以，我们要学会先从问题情境中抽离出来，从逻辑层次的愿景、角色、价值观中观察事情。

教练：对你来说，成长和贡献十分重要。小凤，假如你得到了这份工作，并且实现了你刚才描述的情景，你认为你还需要具备哪些能力呢？

小凤：我需要有良好的沟通技巧，和你一样的教练能力，对新事物的洞察力，以及团队建设能力。

教练：在这四项能力中，假如你提升其中一项，就可能带动其他几项的提升，你觉得是哪一项呢？

“教练能力。”小凤毫不犹豫地回答。

教练：那你需要做些什么呢？

“更多实践。”小凤稍有犹豫地说。

教练：更多实践，能否再具体一点？

小凤：就是多多学习。

教练：你能再具体一点吗？

小凤：就是不带期待地多实践，然后从实践中慢慢总结经验。

说到这里，小凤突然跳了起来，激动地继续说道：“我明白了，我最近可能有点过于焦虑了。其实我应该无论学了什么都要去应用，我真正期待的是在新工作中能不断使用教练能力，保持好奇、不急躁的心态。”

教练：那么，你接下来的一小步行动会是什么呢？

小凤：我打算再次与新公司的负责人联系，通过对话深入地了解他们的需求，而我自己则需要更好地倾听。

在这一段对话中，我们运用了逻辑层次的下三层：能力、行为和环境。当人们能从问题情境中抽身而出，从多角度观察问题，补充能量后，重新审视问题并付诸行动，他们往往会有新的洞见和发现。

教练：这次对话对你最大的价值是什么？

小凤：我觉得关于行动的提问对我触动最深。我突然意识到，我之前可能过于局限在自己的思维模式里。我现在明白，无论工作的最后结果如何，对我而言，最重要的事情是要去行动。只要我开始行动，所有的顾虑和焦虑都会消散。

过了一段时间，小凤打电话给教练，说她已经联系了公司的负责人，了解到公司的进展，对职位的要求，并且将在一个月后开始工作。

后来，小凤在新公司发展得非常好。

一天，教练收到了小凤的留言：

亲爱的教练，非常感谢你上次的教练，让我意识到我们往往被自己的思维模式束缚。一旦陷入自己的思维陷阱，我们就无法看到问题的其他可能性，只会一头钻进自己设定的小角落里，不愿意走出来。你的对话让我看到了更多的可能性，让我找到了自己的资源，更清楚地看到了自己焦虑的根源：我对行动的畏惧。一旦我明白了自己真正需要什么，并开始行动，我发现能量就在源源不断地滋养着我。而且我把这种启发应用到了我的工作和生活中。再次向你表达我的感谢！

看着小凤的留言，教练抬头望向窗外湛蓝的天空，如此清晰透彻。真正了不起的不是教练，而是具有深刻洞察力的小凤，因为她内心充满了智慧。教练只是相信这份内在的智慧并陪伴小凤，为她提供了一个思考的空间。

5.2.2　穿越时间，让未来现在就来

我们的大脑具有在时间中穿行的能力，可以回忆过去，体验当下，并思考未来。因此，教练式沟通可以利用时间框架的切换，与对方进行赋能式沟通。

我们可以想象面前有一条从过去到未来的时间线，踏入这条时间线，

我们可以在想象中回到过去，经历现在，抵达未来，仿佛在生命旅程中行走。行走过程中的情感和感受可以为我们提供前进的动力。一旦踏出时间线，我们就能够作为中立的观察者，以更加超脱的态度、更广阔的视野来审视整个过程，从而进行策划和安排。

通过运用这种时间框架切换的方法，教练能够帮助被教练者从不同的时间维度审视问题，发现潜在的资源和机会。例如，在回顾过去时，我们可以找到曾经成功解决问题的经验和策略；在体验当下时，我们可以明确自己的需求和目标；在展望未来时，我们可以设定目标并规划实现目标的途径。

通过在时间线上穿行，教练和被教练者可以共同探索更多可能性，提高解决问题的能力，从而实现自我成长和突破。

1. 活在当下，过去和未来难道不重要吗

在一次读书会上，我分享了《当下的力量》这本书，其中一个朋友提出了一个问题："书中总是强调'活在当下'，难道过去和未来就不重要吗？我喜欢回忆过去的美好事物，也喜欢畅想未来，憧憬实现未来的梦想。"

是的，过去确实重要。但我们也要对过去的经历加以区分。有一种过去是充满痛苦的。虽然痛苦已经过去，但大脑中的影像却反复播放。就像祥林嫂一样，她被过去的故事困扰，遇人就诉说"我真傻，真的……"。最后，人们都纷纷避开她。

小芳的一位朋友就是这样，她和前夫离婚多年，但只要你和她交谈，她总是在述说前夫对她的种种不好。直到有一天，小芳终于忍不住说："亲爱的，这些都已经是过去的事情了，你每天把它们挂在嘴边，最后受伤的是你自己。别活在过去了，活在当下才是最重要的。"

另一种过去则是美好的回忆。在一个沙龙活动中，主持人让每个人分享过去自己认为最有意义的一件事，有的人分享了他们帮助他人的经

历，有的人分享了他们如何在失败中找到突破点，这些经历都激励着他们向前。

还有一种过去，虽然不愉快，但人们从中汲取了教训："这次经历让我学到了什么？"比如 85 岁的褚时健，他经历过失败，但他从中学到了经验，开始种植橙子，最后成为"中国橙王"。

小芳曾经有一段时间，常常遇到一些借钱不还的人，这让她感到非常恼火。她每天都在心中嘀咕："这个人怎么能这样，怎么能这样？"后来，她开始自问："为什么我总是遇到这样的人？""为什么我总是被这样的事情困扰？"她发现自己从中明白了一件事："我没有学会拒绝他人，总是不好意思，总是假装做个好人。"经过这些事，小芳逐渐学会了拒绝，学会了表达自己的需求，学会了遵从自己的内心。

未来，同样重要。

回想起学生时代，我们都曾在新学期开始时设定目标，比如要养成某种好习惯，然后坚持了几天，之后逐渐懈怠，最后彻底忘记了自己的小目标。

幸好，随着年龄的增长，我们逐渐学会了自我修正，开始学会给自己设定合理的目标。这些目标是在美好愿景下，带着能量和意义。比如，云鹏和爱芬有一个美好的目标：每隔三年都要合著一本与教练相关的书。现在已经达成了两个这样的目标。

所以，我们再次回到"活在当下"，这是否意味着过去和未来就不重要了呢？当然不是。其关键在于我们用什么样的态度去看待过去和未来。

《当下的力量》一书中提到了"心理时间"和"钟表时间"两个概念。

心理时间，就是认同过去，并且持续地、强迫性地投射到未来。

钟表时间是指在生活中的实际事务上花费的时间，包括安排约会或计划旅行，还包括从过去中汲取经验教训，使我们不会一次又一次地犯同样的错误；包括设定目标并向前迈进，包括以规律、法则、物理、数学模型等方式预测未来并从过去中汲取经验教训，同时在预测的基础上采取合适的行动。

活在当下的同时，我们需要从过去中吸取经验，吃一堑长一智；同时我们也需要清楚地知道自己的愿望，设定目标，以成为更好的自己。

那么，如何让自己做到整合过去、现在和未来？

第一步：“你想要的是什么？这是你真正想要的吗？你想要成为什么样的人？”（面向未来）

需要描绘一个愿景，这通常是一个图像，一个能激发你内在动力的生动画面。当你成功的时候，你看到了什么、听到了什么、感觉到了什么，甚至你闻到了什么，谁在那个时候和你在一起，将这个美好的愿景深深地印在你的心底。

例如，小芳为自己描绘的愿景是：在海边，看着蓝蓝的天空，脚踩着柔软的沙滩，风轻轻吹过脸颊，她呼吸着海的气息，感受到全身的自由——时间的自由，财富的自由，心灵的自由。她和家人在一起。

她旅行的同时也在讲课，她出版了自己的书，在咖啡馆里举办读书沙龙，阳光透过落地窗照在每个人的脸上，暖洋洋的。人们通过阅读她的书得到成长，他们一起分享各自的成长故事，每个人的脸上都洋溢着快乐和爱。

第二步：在遇到难题，感到困惑时，要问自己：“是什么样的思维模式阻碍了我的发展？”“是过去的哪一种情绪模式导致我反复出现这种负面情绪？”（回顾过去）

曾经有一个女孩，40岁未婚，她渴望步入婚姻的殿堂。当她述说过去的恋爱经历时，最常说的一句话是：“男人没有一个好东西。”而这句话的源头又是什么呢？原来，这是她的单身妈妈灌输给她的，妈妈在离婚后经常对她说：“男人没有一个好东西，看看你爸爸就知道……”所以，在大学期间男友因约会迟到，工作时新男友在情人节没有送她礼物，后来的男友和好友聊得火热时，她都立刻将这些事件联系到了那个想法——“妈妈说得对，男人没有一个好东西。”从而，现实也越来越按照她的思考方式演变。

第三步：保持对当下的感知。

在日常生活中，我们都可以练习活在当下。例如，每次上下楼梯时，每一步，每一刻，甚至每一次呼吸，都全神贯注，专心致志。或者当你在洗碗时，专注于与洗碗相关的所有感觉，聆听水声，感受水流过手的触感，闻洗洁精的香气，看着一个个洁净、整齐的盘子。

在《正念的奇迹》一书中，一行禅师描述了如何吃橘子。

书中内容：我记得数年前，吉姆和我第一次一起到美国旅行时，我们坐在树下分一颗橘子吃。他开始谈论我们将来要做些什么。只要我们谈到一个吸引人或令人振奋的计划，吉姆就会深陷其中，以至于完全忘了他当下正在做的事。他往嘴里塞一瓣橘子，在还没开始咀嚼前，就又准备往嘴里塞进另外一瓣。他几乎没有意识到他正在吃橘子。我告诉他：“你应该先把已经含在嘴里的那瓣橘子吃了。”吉姆这才惊觉到自己正在做什么。

这就好像他根本没有在吃橘子。如果说他吃下了什么，那么他是在“吃”他未来的计划。

一颗橘子有很多瓣。如果你懂得好好吃一瓣，你大概就懂得吃颗完整的橘子。如果你连一瓣橘子都不会吃，那么你根本就不会吃橘子。吉姆明了了。他慢慢垂下头，专注地吃那瓣已经在他嘴里的橘子。他仔仔细细地咀嚼它之后，才伸手拿另一瓣。

之后，吉姆因为反战活动而入狱，我很担心他能不能忍受监狱生活，我写了封短信给他：“记得我们一起分享的橘子吗？你在那里的生活就像那颗橘子。吃了它，与它合而为一。不用担心明天会怎么样。”

关于当下。活在当下是一种艺术。你如何知道自己处在当下呢？当下是指你脱离情绪的时刻。情绪是你与过去的链接，是痛苦记忆的复现，而你的思绪，它们 99% 是你已经想过的——它们是你思维制约的回声。穿透那些情绪，穿透那些思绪，你就会找到自己，在那个当下，时间是静止的，然后你进入那股流动的思绪之中：你流动，你与自己的创意连接。让所有的事物都在流畅、自然的状态下运行。我们就在那个当下。

因此，过去的美好经历给予我们积极的认可和支持；过去的失败经历的可以让我们从中汲取教训；当我们描绘出美好的未来，设定可行的目标，我们才能更好地回到当下，从当下开始我们的行动。

2. 在时间线上预演你的目标

教练经常使用“时间线”工具，我们可以在头脑中想象在时间线上行走，也可以在地上画一条时间线，真正地行走其上，相当于预演目标实现的过程（见图 5-3）。

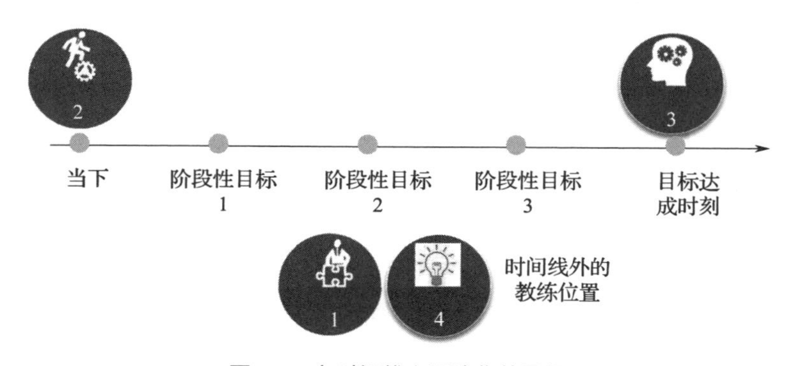

图 5-3　在时间线上预演你的目标

你可以确定今年要实现的一个目标，想象一下，在你面前有一条时间线，从现在流向未来。首先，站在时间线外，确定目标达成的时刻在时间线上的位置（例如 2023 年 12 月 31 日），并将其分解为阶段性目标。

接下来，踏入时间线，站在现在，带着你所有的资源，逐渐朝目标前进，并在每个阶段性目标前稍作停留。想象在这个过程中会遇到一些事情和一些人，你会采取哪些行动，运用哪些资源。也许你会发现有一些之前忽略的因素或某些风险，需要积极预防和应对。当走到目标达成的时刻，充分感受目标达成的喜悦和成就感。

最后，再站到时间线外观察整个过程，看看有什么新的发现。

站在时间线内是为了投入感受，而站在时间线外是为了获得抽离的视角，这样你会看得更清楚。通过在时间线上穿行，你可以更好地规划标实现的过程，发现潜在的机会和挑战，并做好准备，从而更有效地实现你的目标。

在电影《大侦探福尔摩斯》中，福尔摩斯在出手打击犯罪分子前，会在脑中预演这个过程。这是一种“心理模拟”。我们在教练中也常常运用这种方法。

我曾在公司内开设工作坊“如何让你的新年目标屹立不倒”。首先，学员以目标的 8 个要素为标准，重新制定目标；之后，我们使用了“时间线”的教练工具，带领大家模拟实现目标的过程。

以下是其中一个例子：有位学员希望考取注册会计师证书，但她发现自己总是懒惰，不愿意看书。她的目标是完成几门课程的学习，并在 6 个月后参加考试。

在走时间线的过程中，她起初有些犹豫，走得也比较慢。然而，走到第一个月，她的步伐变得更加坚定，她持续行走，经过几个阶段性目标，一直走到考试结束，她想象着自己通过考试并获得证书，生活和工作发生了改变。她的身体挺直，眼睛发亮，露出了开心的笑容。

走完时间线后，教练邀请她抽离出来，回顾整个过程，并询问她有什么发现。她说，虽然她设定了目标，但并没有信心和决心真正实现。然而，踏上时间线时，她发现自己充满期待，而在走的过程中，她内心经历了许多纠结，仿佛真的经历了工作、人际交往、疲劳、惰性等因素的干扰。她承认之前有些盲目乐观，没有考虑到可能遇到的干扰，现在则更加有紧迫感，同时也更有信心和决心。

> 使用“时间线”工具的步骤：
>
> 1）确定教练合约；
>
> 2）确定时间线起点、终点和关键的阶段性目标；
>
> 3）站在目标达成的位置，体验成功的喜悦；
>
> 4）从起点开始，在时间线上依次走过各个关键的阶段性目标；
>
> 5）站到时间线外，审视整个过程；
>
> 6）采取一小步行动并总结收获。

在培训结束后的 3 个月，学员给我反馈说，她的学习进度确实受到了一些因素的干扰，比预期要落后，但她仍然保持在努力实现目标的正轨上。她感谢自己参加了这次工作坊。

成功往往取决于坚定的决心和足够的信心。当你“想要”一个结果，但没有亲身体验和策划时，往往缺乏决心和信心，导致这个愿望只是空中楼阁。通过时间线工具，我们帮助学员挖掘了她为什么“想要”实现这个目标，找到目标与她的人生愿景、身份定位和核心价值观之间的紧密联系。她也在心中体验了实现目标的那一刻，感受到内心的满足和成就感。这些都有助于学员坚定决心，让她把“想要”变成“一定要”。

当学员真正将目标与行动计划结合起来时，她的信心就会随之增强。这就是心理模拟在教练过程中的妙用。通过运用时间线技巧，我们可以帮助学员更好地为实现目标做好准备，从而增强他们的信心和决心，让目标变得更加具体、可行。

3. 心理模拟

教练之道里有很多心理模拟的方法。心理模拟是指在头脑中想象事件的过程和结果。

心理学家做过一个研究，发现人们在想象某一事件时，会激发与身体实际活动时活跃的相同脑区。

例如，想象自己站在教室里讲课时，大脑的视觉区域会被激活；想象自己触摸毛茸茸的猫时，大脑的触觉区域会被激活；当想象吃梅子时，唾液会分泌得更多。

心理模拟可以帮助我们控制情绪。心理治疗中的一种疗法——系统脱敏法，可以治疗各种恐惧症。让患者想象自己逐步接近令他们恐惧的人或事物，每次只接近一点点，一旦患者感到过于焦虑，立刻放松。经过一段时间，患者就会逐渐适应，恐惧程度显著降低。

心理模拟可用于规划和为即将发生的事情做好准备。比如，在一次教练对话中，教练邀请客户想象与领导对话的过程，她如何表达，领导如何回应。她发现自己在沟通过程中情绪激动，有很多不满，而这可能源于她对形势的误解。在这种状态下表达，她的沟通可能无法达到预期目标，她需要先调整情绪再沟通。于是，她决定在教练对话后用 40 分钟制订一个计划，思考如何表达得更得体。

心理模拟还可以培养技能。许多运动员在学习高难度动作时，会先在大脑中想象自己如何完成动作，详细想象每一个步骤。这时，他们的大脑中负责运动的区域会被激活，就像他们真的在做这些动作一样。当他们真正开始运动时，就会表现得更加出色。

心理模拟的效果虽然不如实际操作，但绝对是提高成功率的重要准备之一。这就像关于目标和成功的白日梦，当你对实现目标的**过程**进行心理模拟时，它真的能助你成功。所以，我们不要忽略大脑的虚拟现实功能，在做事之前，先预想自己如何成功地完成任务。比起仅仅预想美好的结果，更重要的是预想实现结果的过程，可能遇到的障碍，以及如何克服这些障碍。

通过心理模拟，我们可以在实际行动之前探索不同的策略和方案，找出可能遇到的问题并提前应对。这样，在实际操作时，我们就能更加从容应对各种情况，提高工作效率和成功率。

除此之外，心理模拟还可以帮助我们增强自信心。当我们在脑海中反复练习并成功完成某个任务时，我们对自己的信心自然会增强。自信心可以让我们在实际行动中更加果断和勇敢，从而提高成功率。

最后，心理模拟还有助于减轻焦虑和紧张。当我们面临压力较大的任务或陌生的环境时，心理模拟可以让我们在心里"预演"一遍，从而减少对未知的恐惧感。这样，当我们真正面对这些情况时，心态会更加平和，有利于我们发挥出最佳水平。

在日常生活和工作中，我们可以充分利用心理模拟，让它成为我们迈向成功的得力助手。

5.2.3 如果没有了角色，你是谁

我究竟是谁？是员工、母亲、女儿、儿子、伴侣、经理，还是创业者？如果摘下这些身份标签，我又是谁？

每个人的人生是为了实现更高的目标和愿景。我们生命的旅程就是为了寻找这个更大的愿景和意义，我们需要学会扩展"我是谁"的视角，有勇气将固化的自我放在更大的平台上去扩展，再扩展，直到连接到更大的我。我们必须做的一项功课是问自己：如果没有现在这些身份标签，我到底是谁？

爱芬在自我成长的过程中，从一个蜷缩在角落的小女孩慢慢站起来，带着恐惧和羞涩，观察周围的世界，然后逐步打开自我，突破自我，一点一点。可能有时候她会退缩，但她会再次勇敢地突破自我。就是这样，通过经历每一件事，每一次突破，她从中成长，让自己发展，让自己蜕变。每个人都是如此，在体验、痛苦和生活的历程中成长。

不知道大家是否经常问自己：我活着的目的是什么？我活着仅仅是

为了享受人生吗？我想体验怎样的人生？你是谁？你从哪里来？你要去哪里？这是人生的终极问题，你是否也常常自问？

记得有一次我去一家银行，给高管们上“情商领导力”课程。那家银行的工作氛围不是十分和谐。到了什么地步呢？其中一位领导告诉我，他们现在要和员工好好相处，不能用正能量，只能和他们一起叹气，一起批评公司，这样他们才能和员工打成一片，否则他们就会被孤立。你们可以想象，在这样的环境下，我要让学员打开心扉，是多么困难的一件事。

当我们讲到情商胜任力中的超我目标时，我邀请他们思考：在你的一生中，你想成为一个怎样的人？除了现在的高管身份，你还拥有哪些其他身份？

其中有两位学员眼眶立即变红，眼泪差点流出来。因为他们突然意识到，他们的一生似乎就是从一个普通员工成长为管理者，好像就是为了这一个身份在忙碌，他们不敢有梦想，不敢有兴趣，不敢有其他想法，只是沉溺于这一个角色。

他们已经人到中年，所以，当这个问题被提出来时，他们的眼眶就变红了，因为他们从来没有真正地问过自己这个问题。

我自己经常问自己这个问题：“这一辈子我想如何体验我的人生？”

这并不是说我想要多么成功，而是我是否能够不断地拓展自己，突破自己。

有学员曾经问我，作为情商导师，你会有负面情绪吗？我的回答是，当然会。每个人都有情绪，作为情商导师，我们更加接纳自己的情绪，并有勇气去体验和感受这些情绪。我会流泪，会哭泣，但在心中，始终有一个坚定的声音告诉自己，我可以哭泣、难过、痛苦和焦虑，这些都是我人生旅程中的一部分，是我走向自我成长道路的必然体验，这是我的选择，我将勇敢地继续前行。

在我们走向自我成长的路上，一定会有各种情绪、体验和感受。重要的是，我们内心深处非常清晰地知道，这就是我们想要的，这是我们自己的选择。在走向目标的道路上，我们会遇到一个又一个障碍，但我们会坚定地追寻我们的目标，去实现我们想成为的人、想做的事、想拥有的人生。每个人的生活并不需要多么成功才能探寻自己究竟是谁，而是应该思考我们想要活出怎样的人生品质。

我的核心价值观是爱、自由和流动。当活出这样的自我时，我是一个怎样的人呢？我的人生愿景是支持100万职场人士，从情绪绑架到情绪自由，实现喜悦平衡的人生。我知道我一直行走在这条道路上，我讲课、写书、分享，影响着我的读者和粉丝。然而，首要的是，我在成为我自己，我希望成为一个唤醒情商的实践者，这需要在每一天，每一刻的生活中落实，无论是和爱人的相处，还是和女儿的交流，生活中的每一点每一滴都在支持我，成为我期待的自我。而实现这一切，并不需要做什么伟大的事，只是通过生活中的每一件小事，和你的家人互动，你去看见，去实践，去突破，以此更好地支持你成为想要成为的自己。

你也可以寻找并写下自己的核心价值观，然后想象一下，当你活出这样的自己时，你会是怎样的人，你会看到什么？听到什么？感受到什么？

放下有限的可见，看见无限的可能。每个人都可以的，我们是有资源的，改变一定会发生，而且正在发生。

5.3 自我教练

5.3.1 自我教练的方法

想象一下，生活中经常会出现困难、问题，这时的我们可能会感到卡住了，不知道该怎么办。这时，我们可以寻求教练的帮助或者进行自我教练。

1. 被问题困住的几个阶段

当我们分析自己为何被问题困住时，可能会遇到以下几种情况：

（1）困在问题里，没有深入思考，只知道不想要什么，不知道想要什么，即不知道目标。有个经理想改善与下属的沟通方式，但当教练问他希望与下属沟通什么时，他只说不想纠结，不想每次说话都字斟句酌，谨慎小心。教练问了他 5 次，他都回答“不想要”什么，但不知道自己想要什么。

（2）片面地看问题，不知道自己在哪里，自己身边发生了什么，即对现状缺乏客观的认识，看不清障碍是什么。当我们被问题困住时，通常会放大问题，觉得现状很糟糕。问题之所以成为问题，是因为阻碍了目标的实现，当我们澄清目标后，可能障碍就不存在了或者我们可以绕开障碍。大部分的障碍来自内在，如不自信、恐惧、怀疑等。

（3）思考了，但在旧有的思维模式下，找不到有创意的解决方式，即不知道可用的资源和可以采取的行动。爱因斯坦曾说人不能用制造问题的思维来解决问题，因此我们必须跳出自己固有的思维模式，看到更多的可能性。

（4）找到解决方案，却缺乏动力或信心采取行动，即没有找到目标背后深层次的意义。我的一个客户一开始说想要找到和儿子沟通的方法，让儿子能够按照她设定的大方向行动。但讨论之后发现，她对自己想要做什么很清楚，但她没有自信能够做到，所以接下来的讨论是如何提升自信，当看到她恐惧情绪背后的正面意义时，她就有了动力去实现目标。

（5）行动不持续，即缺乏支持改变的系统。最理想的情况是将行动变成像刷牙一样的习惯动作，需要持续地行动。然而，很多人会三天打鱼，两天晒网，以各种借口、理由不能持续行动，如刮风下雨、堵车等。因此，改变也无法实现。

在这种情况下，自我教练可以帮忙，通过自我对话，你可以思考自己的价值观、目标和需要采取的行动，看到自己的能力、资源和优势，以确保自己始终保持积极的动力。

2．教练的目的

教练的目的有三个，一是**提高意识**，即让被教练者知道周围发生了什么，以及自己发生了什么。

我们的大脑中储存了很多模式，95% 的情况下我们都是根据这些模式进行自动化反应。这些模式是在后台运作，即在我们的潜意识层面。这些潜意识里的程序就是《思考，快与慢》作者丹尼尔·卡尼曼（Daniel Kahneman）所说的“系统 1”。系统 1 能够节约能量，快速反应，让我们像自动驾驶一样，只是根据过去的经验对当下的情况做出反应。但是当下的情况可能与过去不同，所以我们的反应模式可能并不总是有效的。当我们注意到潜意识层面运作的程序时，它们就会进入我们的意识层面。我们就有机会打破旧模式，建立新模式。

比如，王经理有一个模式，每当他的计划受阻时，他就会感到非常愤怒，进入战斗状态。大学毕业后，他不想留在老家，但是他的父亲希望他留下来。于是他和父亲吵了一架，关系紧张了好几年。工作后，有一年公司业务调整，把他负责的一块业务裁撤掉，他认为领导对他的业务不重视。一天，领导下达任务让他处理客户投诉，他一怒之下回复了一封措辞激烈的邮件，还不顾一切地把邮件抄送给了全体经理。幸好，公司 CEO 给了他机会去弥补错误。

后来，王经理冷静下来，自我反思到底发生了什么，他的看法是否有事实依据。当他能够理性、客观地看待真实发生的事情时，他就再也没有表现出那种意气用事的行为了。

问题之所以成为问题，是因为它妨碍了目标的实现。有时，一旦找到目标，你就会豁然开朗，解决方案也顺势呈现。

教练的第二个目的是让被教练者**承担责任**。

在职场中，有个广为流传的“经理背猴子”的故事：猴子代表员工需要承担的责任，猴子原本应该待在员工肩上，由员工来照料。然而，有时员工为了推卸责任，会把猴子丢给经理。

试想这样一个场景：

某天，你正赶着去开会，一位员工过来向你求助：“经理，我手头的项目遇到了麻烦，我实在解决不了，该怎么办？”

你急于去开会，于是回答：“我现在要去开会，这样吧，你把问题留在这儿，我会抽空看看。下午2点再来找我。”

下午2点，员工准时打电话问：“领导，那个问题解决了吗？”

你回答：“哎呀，我还没来得及看呢，明天早上再来找我吧。”

这时，员工的问题已经转嫁给了你，猴子已经爬上了你的肩膀。如果你太忙无暇顾及，猴子就会饿死。你若把精力放在照顾猴子上，就无暇顾及更重要的事务。员工虽然过得清闲，但却无法获得成长，反而会埋怨你。

有些人陷入问题时，第一反应往往是指责别人“老板没说清楚”“我的资源不够”“我的伴侣不理解我”“员工想要躺平”等，然而，对于生活的成功与快乐，我们自己才是首要责任人。因此，我们要弄清楚自己到底想要什么，拥有哪些资源，付出了怎样的努力，哪些是有效的，还可以做些什么。

其实，一个人只要有能力制造问题，就有能力解决问题。

教练的第三个目的是**提升信心**。

有时候，你对某件事犹豫不决，并非能力不足，而是缺乏信心。

信心源于过去的成功和目标的适度挑战。多尝试，多成功，多从成功中获得认可，这是一个人建立信心的路径。因此，你需要回顾过去的成功经历，思考是如何做到的，你的哪些内在品质和力量支撑你成功，以及哪些外部资源助你一臂之力。每个人都自带一个百宝箱，在发现自己的资源和成功经验后，人们便会信心倍增。

面对未来的目标，你可以主动寻求他人（或未来成功的自己）的建议和祝福。将目标定在超出当前能力的15%~30%之间，这样既有挑战性，又能跳一跳达成。如此一来，你便会产生希望，增强信心，并迈出行动的第一步。

约翰·惠特默曾说："我只能控制我意识到的东西，而我意识不到的东西控制着我。"面对、接受、解决、放下——这是我们应对生活的途径。勇于直视自己的真实处境，是改变的起点。

3. 自我教练的策略

当我们成为自己的教练时，可以遵循一个流程，引导思考的方向。这样做的优势在于：为对话提供一个系统化的框架，逐步推进至期望的结果，有助于将注意力集中在承诺上，实现明确、直接的沟通。

一个简易的教练对话流程包括三个步骤：**目标、资源、一小步。**

（1）目标。问题之所以被称为问题，是因为它阻碍了我们实现目标。我们需要洞察出问题背后的目标。

目标又包括以下三个方面。

1）本次自我教练的成果。也就是说，在这次自我教练结束后，你可以获得什么成果。比如，制订一个锻炼计划，或者搞清楚是否该辞职。

2）想实现的目标。目标是问题背后我们追求的东西。目标的描述应该是正向、可控、系统平衡的并符合SMART准则（具体、可衡量、现实、与愿景相关、有时限）。

当你说"我不想……"时，要转换为正面描述："我想要什么"或"我想用什么替代这个不想要的东西”。例如，“我不想每天为是否上班而纠结，丝毫没有成就感”，要转变为“我期望的上班状态是愉快的、有意义感的”。

3）愿景。目标就像路标，告诉我们走到了哪里，但真正激发我们的是愿景。

愿景是设想我们实现目标时的样子。愿景可能发生于一年、五年、十年之后，甚至是我们毕生追求的，与我们的使命、目的和意义相关。

我们通常将愿景比喻为 5000 米高空的目标，需要详细描绘细节以具体化。我们可以问自己：“如果我真的实现了目标，我会变成什么样子？我看到了怎样的自己？听到了人们在说什么？内心的感受又是什么？这个目标为什么如此重要？对我意味着什么？”

愿景就像时间折叠，一次又一次地折叠，直到未来来到现在。让未来的画面在当下生动展现，去体验、去感知，我们会感到心潮澎湃。当我们能够升至 5000 米高空再回望现状时，许多障碍就会显得微不足道或可以跨越，我们便会有行动的动力。

5000 米的高度仍然显得相当遥远，只能作为大方向，让我们朝着那个方向迈进，拥有足够的激励性。但要把这个远大的愿景转化为实际行动，我们需要将其拆分为更为具体、可操作的小目标。这样，每一小步的进展都能为我们积累信心和动力，帮助我们实现那个宏伟的愿景。

（2）资源。每个人都拥有一座内在的宝藏，只是有时需要我们深入挖掘。在寻找资源的过程中，以下三个方面可能会给你带来启发。

1）成功案例与例外时刻。资源往往隐藏在我们过去的成功案例或问题不严重的例外时刻。在回顾这些时刻时，你尝试问自己：“在过去的哪些时候，我成功地解决了类似问题？我当时是如何做到的？”从这些回忆中，你将找到自己的能力、资源和优势。

2）成功的关键要素。生活中的种种幸运和成功都值得我们去提炼。教练五原则之一就是坚信每个人都具备成功所需的一切资源。我们都有自己独特的成功方式，可以尝试用过去的成功经验为自己提供启示，有效多做，无效改变，从而在新的挑战面前，更好地发挥自己的优势。

3）社会支持与他人视角。换一个角度看待问题，尤其是从他人的视角审视，可能会拓宽我们的认知。试着从那些你敬佩或欣赏的人的角度出发，想象他们在面对类似问题时会给出怎样的建议。这种方法有助于我们找到新的资源和解决方案，从而更好地应对挑战。

（3）一小步。我们要搭建从现状到目标的路径，并从可行的小步骤开始。当我们对目标和资源有清晰的认识时，就会充满动力，迫不及待地想要采取行动。

在这个过程中，我们可以考虑以下三个方面。

1）解决方案和行动策略。明确目标和资源后，你可以制定一些行动策略和步骤。例如，如果你计划辞职，可以先尝试兼职做知识输出。将行动策略分解为3~6个月的可控步骤，有助于保持实现目标的动力。

凡事都有三个以上的解决方案。在这一步我们就要打破限制，提出尽可能多的创造性想法。

2）即刻采取的一小步行动。务必提出一个立即可执行的小步行动，因为没有实际行动，改变是不可能发生的。小步行动要设定得易于完成，以便积累成功经验。例如，如果你的目标是写一本书，可以从今天开始每天写500字。这样的小步行动会产生滚雪球效应，带动生活其他方面的积极变化。

3）收获与发现。每一次自我对话，我们都要获得新的觉察，因此要反思自己的收获和发现，可以问问自己："通过这次自我对话，我收获了什么？关于自己的发现有哪些？"

现状与目标之间的差距，恰恰可以成为我们走向目标的牵引力。设定目标、挖掘资源并付诸行动，是一个循序渐进的过程。通过积累小胜利，我们可以从小事中获得正向反馈，形成良性循环，积小胜为大胜。当我们越来越多地认同自己的能力、价值和身份（例如我是一个言而有信的人），就会实现从内而外的全方位改变。

自我教练的过程就像一场愉悦的旅程，帮助我们在探索自我成长的道路上不断前行。

5.3.2　用自我教练的方式做年度复盘

"复盘"一词源自围棋术语，通常是人们在一场棋局结束后，分析、回顾和讨论每一步棋的目的、策略和可能性。复盘不仅局限于围棋，也可以应用于我们的日常生活，以深入反思和总结经验，从而实现持续学习和进步。

复盘意味着在行动后深入思考和总结经验。在制定目标和行动计划时，我们通常会做出一些假设，但这些假设可能并不准确。通过复盘，我们可以检查自己的想法是否合理，以及在执行过程中如何应对变化，哪些做法有效，哪些做法无效。

许多组织和项目都需要进行回顾和总结，个人也应重视复盘。无论是历史人物，还是现代企业家，都非常重视复盘。你可以"每日三省吾身"，也可以每月、每季度或每年进行复盘。

借鉴教练的方法，以下是 22 个关于年度复盘的问题。如果你能找到一个伙伴进行一场教练式对话，相信你会收获颇丰。

1）如果用一个象征物来描述你过去的一年，你会选择什么样的象征物？

2）现在邀请你抽离出来，想象自己变成一只翱翔在天空中的老鹰，可以清楚地看到自己这一年的时间线，你会发现什么？在这一年中，你完成了什么？你看到了怎样的自己？你听到了什么声音？

3）回顾这一年，哪些感受最深刻，最能触动你？

4）如果列出这一年中给你带来最大成就感的三件事，那会是什么？

5）你是如何做到的？体现出了你哪些优秀的品质？

6）你在这一年最初设定的目标是什么？

7）相比于目标，你的实际表现中，哪些地方做得出色？哪些地方需要改进？

8）你认为自己成功的原因是什么？

9）你认为自己失败的原因是什么？

10）外部环境是如何影响你的成败的？

11）个人的内部因素是如何影响你的结果的？

12）其中，哪些因素是可控的？哪些是不可控的？

13）回首这一年，化身为一位智慧的长者，那么这位长者会给你什么样的建议？

14）我们从这一年中学到了什么？

15）回顾这一年，你觉得哪些是你做得好的，需要继续保持的？

16）哪些是你需要改进或提升的地方？

17）哪些是你需要停止的行为或习惯？

18）哪些是你需要重新开始的事情或习惯？

19）你会如何总结这一年的规律？

20）如果你要把三个最重要的收获或反思带入新的一年，那会是哪三点？

21）关于新的一年，你有什么计划或期待？

22）你今天就能开启的一小步行动是什么？

复盘方法本身并不复杂，关键在于培养复盘的意识。复盘不应被视为一次性行为，而是一个持续不断、循环提高的过程。尽管一开始你可能觉得复盘有些烦琐，一旦养成习惯，你就会发现从复盘中获得的好处远远超过所投入的时间。

5.3.3　提升内在动力的四个有力提问

目前社会上有不少年轻人选择“躺平”[㊀]的生活态度，这实际上源于他们内心深处的动力不足。如果我们偶尔萌生“躺平”的想法，这时，我们可以通过以下四个问题激发我们的内在驱动力。

第一个问题：**你想要什么?**

我们常常会将注意力放在我们不想要的事情上。举一个形象的例子，如果有一个动物，左边是一坨粪便，右边是新鲜的草，它肯定会毫不犹豫地选择草。然而，人类往往不同，如果左边是粪便，右边是鲜花，我们很可能会将注意力放在粪便上，思考这是谁的粗鲁行为，他们吃了什么等。我们浪费大量的时间在不想要的事情上，而忽略了真正想要的。

这就像在《爱丽丝梦游仙境》中，爱丽丝问柴郡猫该走哪条路，柴郡猫回答:“这得看你想去哪儿。”爱丽丝说:“我不太在乎去哪儿。”于是，柴郡猫告诉她：“那你走哪条路都无所谓了。”

如果我们不清楚我们的目的地在哪儿，我们的行走方向就没有任何意义。如果我们开车时不知道目的地在哪儿，即使有导航也无济于事。只有明确了目标，我们才能清晰、聚焦地前行。

第二个问题：**为什么这个目标对你来说这么重要?**

尼采说过：“知道了为什么而做，可以解决一切怎样的问题。”我们设定目标时，通常会遇到一些拦路虎。这时，唯有充足的内在动力，我们才能战胜拦路虎。而内在动力的来源，就在于我们对事物的意义和价

㊀　网络流行词，是指无论对方做出何种反应，自己对此都不会有任何反应或反抗，表示顺从心理。

值的认知。回答这个问题能让我们触动自己内心的情感，让我们更加坚定地追求目标，在面对困难时，有更多的勇气和毅力。

第三个问题：**如果你成功了，那会是什么样子?**

教练是时间和空间的艺术家，我们让未来现在就来。试着体验一下，成功后的自己会是什么样子？在未来实现目标的那个空间，试着去感受那个已经成功的自己，听听在那个时刻你能听到什么。

第四个问题：**你接下来打算如何实现目标?**

在追问这个问题时，我们才会讨论具体的计划和行动。列出来的行动计划，将涵盖内在和外在两个层面，既现实又触动人心。

如果你能回答这四个问题，你会有什么新的发现呢？会有什么不同的决定呢？下次当你或你的团队想要“躺平”的时候，试着问问自己或团队以上四个问题。

1. 认识大脑：大脑的三层协同工作，使得爬行脑能在后台安心运作，保证我们的生存，避免产生压力和产生僵化的条件反射。情绪脑则负责维持对未来的积极预期，从而推动我们采取行动。视觉脑则提供指导，帮助我们在现实中寻找资源，以创造出与理想画面相符的现实。我们需要学会使三个大脑协同工作，形成一种流动的过程，从而达到三脑合一，所向披靡。

自我教练提问：

1）想要实现这个目标，我最初的动力是什么？

2）我曾经感到最有成就感的一件事是什么？

3）假如我的目标实现了，描绘一下，那是一幅什么样的画面？

2. 拓展思维： 逻辑层次揭示了我们思维的各个层面，人们常常在某一逻辑层面上停滞不前。此时，我们需要打通各逻辑层次，以获得身心合一的整合感。时间线是一种整合了教练流程的思维工具，通过从过去寻找资源，然后向未来展望，可以激发我们的内在能量。

自我教练提问：

1）我当下的一个困惑，它处于逻辑层次的哪一层，如果这个困惑解决了，我的愿景什么样？

2）针对我现在的项目，在脑中预想项目的实施，再抽离出来看，我有什么新的发现？

3）我担任了哪些角色，这些角色背后的我是谁？

3. 自我教练： 自我教练的过程是通过自我对话，找到行动的意义，挖掘自我能力、资源和优势，帮助自己跨越障碍，实现目标。

自我教练提问：

1）如果我是自己的人生教练，我想成为什么样的人？我有什么资源？我打算怎么做？

2）通过 22 个提问进行复盘，我对自己有什么新的发现？

3）对我来说，做这件事情的真正意义是什么？

第6章

成长：凡事多问“你学到了什么”

即使人们在先天的才能和资质、兴趣或者性情方面有着各种各样的不同，每个人都可以通过努力和个人经历改变和成长……杰出的人拥有的另一项特别的才能，就是将人生中的挫折转变成未来的成功。

——心理学教授　卡罗尔·德韦克（Carol Dweck）

6.1　自我觉察

6.1.1　改变可以改变的，接受不可以改变的

李中莹老师提出人生只有三类事情：老天的事、他人的事、自己的事。明确这三种事情，人生就少了很多烦恼，多了很多轻松和快乐，同时内在也会变得更加稳定。

哪些是老天的事？

所谓的不可抗力，显然都是老天的事，如下雨、刮风等，这些都是我们无法掌控的。

哪些是他人的事？

例如，你向一个女孩求婚，她是否答应是她的决定，即使你长得像明星，乘坐香车宝马，送上999朵玫瑰，弹奏着“月亮代表我的心”，

她也不一定会答应。因此，试图改变他人是很难成功的。

哪些是自己的事？

在自己可控范围内的事，都是自己的事。例如，当线下培训无法进行时，你可以迅速转战线上，克服“镜头恐惧症”，推出在线课程；每年进行体检、每周锻炼身体、吃健康的食品、不吸烟不喝酒，这些都是你自己的事。

在面对人生中的种种事情时，有些事情是我们无法改变的，有些事情则是可以通过我们的努力改变的。具体来说，老天的事是无法改变的，我们只能接受和顺势而为；他人的事也不在我们的掌控之中，我们需要放下期待，尊重他人的选择；自己的事则是我们可以全力以赴去做的，我们要对自己的人生负责，不能假手于他人。

分清这三件事，有助于我们保持内在稳定性，不以物喜，不以己悲，更好地应对多变的大环境。我们不应该将有限的精力浪费在那些无法控制的事情上，而应该在可控的事情中努力，去实现自己的目标和愿望。通过找到自己的使命，树立目标，刻意练习和磨炼心智，我们可以在自己的生活中做到“三赢”，即我好、你好、世界好。同时，我们也要能够豁达，尽人事，听天命，不后悔。

6.1.2　模式是如何控制了我

1. 你卡在了什么地方

在教练式对话中，有时客户明确知道他们想讨论的主题，有时客户自己也并不清楚，或者有好几个主题不知道应该从哪个开始。

我曾经和我的教练探讨第二年的规划，但同时我又想讨论一段工作关系。当客户提出他们想探讨的是某个话题，但又有其他想讨论的内容时，我发现通常后者才是真正的卡点。只有解决了这个卡点，未来的规划才能自然呈现。因此，我决定进一步探讨那段工作关系。所有关系背后实际上都是在讨论你和自己的关系，比如你是否接纳自己？你清楚自己真正想要什么吗？

在那次的教练探讨中，我看到了自己的卡点，那就是想成为一个好人的卡点，以及渴望得到他人喜爱的卡点。同时，我也了解了自己的模式。我喜欢能看见具体成果的成长，而非仅仅是头脑中的空想。我需要看到明确的进步，如出版图书、开设课程。对我来说，学习的过程必须有输出，否则就无法接受。在这个过程中，我突然理解了自己为何会有这样的需求，因为我有一个深层的核心价值观——流动。当有输入和输出时，流动就会自然发生。

这部分主要讲述我们如何认识自己的卡点（背后是我们的行为模式）并找到解决方法。

2. 表象背后的模式

萧叶最近事情有点多，经常觉得大脑是紧绷的，有时候甚至感到大脑不转了。她开始拖延，欠的账就越来越多。怎么能让自己在忙碌时还能淡定从容，举重若轻呢？萧叶找到了教练。

萧叶向教练描述了自己大脑紧张的状态。

教练邀请萧叶感受一下大脑。萧叶感受到大脑是紧绷的，当去描述这种状态时，大脑似乎慢慢放松下来，她接连打了几个哈欠。

教练问："打哈欠提醒你什么？"

萧叶意识到，这说明她最近比较疲劳，可能和最近校对视频的字幕有关。她会集中精神看视频，记下字幕需要修改之处，每个视频要校对三四遍。事情不难，但需要高度专注，她感觉自己的精力被过度消耗了。

教练提醒萧叶，一旦她开始做一件事，就会把自己完全卷入，这似乎是她做事的一个模式。

萧叶沉默了一会，说："我觉得别人这么信任我，交给我的事情，我必须全力以赴啊。"

她忽然有一个觉察，她有一种“士为知己者死”的心态，如果她看重的人对她表达重视和信任，她就愿意赴汤蹈火。

教练说：“这种热血的感觉和你想要的淡定从容的状态似乎有些矛盾。”

对啊，确实矛盾。

教练问：“这个信念从哪里来呢？”

萧叶回想中学时喜欢看三言和武侠小说，她最喜欢的一个故事是“俞伯牙摔琴谢知音”，还有各种江湖传说。青少年时期刚好是个人价值观形成的时期，不知不觉中“士为知己者死”就成了自己的底层信念。这个想法似乎超越了理性。想法本身没有错，但用错的话，可能会害萧叶累死。

教练问：“如果你的‘知己者’知道你的纠结会说什么？”

萧叶哈哈大笑道：“他肯定不希望我死在小事上，我看重的是你做大事的能力，不希望你把能力浪费在小事上。”言毕萧叶长舒了一口气，大脑清明起来。回想自己一向做事不惜力，似乎只要他人表达信任和托付，她就奋不顾身地投入进去，但她“智慧”的价值观又提醒她这么做有不对的地方，于是很纠结。

没想到，看似时间管理或健康管理的问题，背后居然隐藏着这样的一个模式。今天仿佛教练捅破了窗户纸，让她对自己更加了解。

其实我们的很多困扰背后都藏着一个模式，这个模式可以用“每当……（对情境的看法），我感到（身体或情绪感觉）……我就会……（行为）”的句型来描述。

比如萧叶的模式就是：“每当他人表达信任和托付，我就感到被重视和需要，就会奋不顾身地投入全部精力去做事。”

“每当”背后藏着一些信念、价值观和行为准则，是过去形成的，对当下不一定有效，在你没有觉察的时候，这些看法就会控制你。我们只有抽离出来看到自己的模式，才能改变模式。

3. 运用大脑的觉察能力

我们的大脑有一种能够让我们抽离地看待事物的能力，就好像有第三只眼，能看见自己说话做事，也能看见对面人的表现，以及周边环境，这就是觉察能力。觉察能力的差异会体现为“不知不觉、后知后觉、当知当觉和先知先觉”。一开始我们事后反省，如曾子的“吾日三省吾身”，或者像曾国藩忙碌一天后晚上集中反省。反省时脑中像过电影一样回忆事件，会注意很多被忽略的细节。这时，你就能发现自己的模式，并策划下一次如何应对。

养成习惯后，做事时你能根据自己的感觉和他人的反馈，随时自我觉察，包括：

- 发生了什么？
- 我想要什么？
- 我正在做的事情能否得到我想要的结果？
- 如果不能，我该怎么做？

我们需要对自己的思维方式和行为习惯进行反思和审视，并且愿意改变它们，这可能需要一些时间和努力，但最终我们将会变得更加强大和自信。

6.1.3 你那么优秀，为何想躺平

一个朋友说因为父亲生病，她回去陪伴了两周，回来又休息了两周，一个月什么事情都没干。

“我怎么对奋斗没兴趣了呢？”她说。

我没有像平时那样激励她，而是说：“没兴趣就允许自己躺平一阵子，想起来时再起来。”

1. 优秀的人也想躺平

我发现很多优秀的人也有想躺平的时候。有一次我参加一个完形治疗工作坊，观摩了一个个案。当事人带来的议题是“让自己能按照计划行动”。

现状是：当事人到了公司就不想做事，只想躺平，于是她打开手机看小说，看完一本，再看一本。好不容易想做事，又因为别人的打扰而停下。

她是做研究工作的，短期内难出成果，缺乏成就感。但她又自责，觉得应该负起责任，做该做的事。

咨询师自我暴露说，他有段时间也想躺平，一直玩电脑游戏，自己都觉得无聊，然而停不下来，一边玩一边批评自己。后来自己和自己谈判，每打 45 分钟游戏，工作 15 分钟。

没想到他俩的情况引起现场很多人的共鸣。其实当事人和咨询师都属于“三高”人群：高智商、高觉察、高标准。他们其实是非常优秀的人。“三高”人群往往也拥有“完美主义”情结。他们说“我必须制订一个完美的计划再做”，于是永远不开始。所以，很多“拖延症患者”恰恰是完美主义者。

她们说“这件事还没有达到我想要的标准”，于是永远也完不成。所以，完美主义者有很多“烂尾”工程。他们又不允许自己这样，所以自责、内耗很多。

喜欢拖延或经常把事情做烂尾的人往往有几个特点。

（1）事情有难度，当事人自信不足。因为完美主义者想要做到最好，所以不能接受失败或瑕疵，宁可不做，也不想犯错。

（2）工作缺乏自主性。人们都喜欢干自己计划好的事情，如果工作是领导指派或者合作伙伴决定的，就缺乏动力。

（3）**不喜欢琐碎的后勤事务，但无人可支配。**琐碎的事物消耗人的耐力和意志力，但因为没有团队、信不过他人或不好意思委托给别人，所以因为拖延这些事情，导致整体拖期。

（4）**缺乏积极的即时反馈。**工作一直没有收到显著成果或者总被领导批评，缺乏积极的即时反馈，难以保持动力。而打游戏、看小说让人有成就感，当然就会让人分心。

2. 如何解决内心纠结

完美主义者往往有很高的目标和道德感，所以边躺平边自责，内耗反倒让他们困在原地。要想改变现状，他们可以采取以下三个措施。

（1）**先迈出一小步。**例如你要写一篇20万字的论文，就让自己先花10分钟查一个资料。想早睡，就把就寝时间提前5分钟，然后每天进步一点点。

（2）**允许自己平庸。**完美主义者需要放下“我必须做到最好”的执念。其实我们都是普通人，允许自己做到“足够好”，而不是“最好”。

> 纠结时默念以下口诀会有用（你也可以自己设计一句提醒）：
> “我是个普通人，我允许自己成功，也允许自己失败。”
> “我允许自己有时候做得到，有时候做不到。”
> “我完全地爱和接纳自己，即使我阶段性躺平。”
> “我并不完美，同时我每一天都可以变得更好。”

（3）**设定提示。**完美主义者需要有人（如家人、同事、教练等）在他们走不出怪圈时提醒他们，也可以设定一个执行意图，如“每小时写

15 分钟文章”。

3. 温和地对待自己

每个人都是独特的，都有自己的故事、经历和挑战。在面对问题时，我们不要急于把自己和他人进行比较，而是应该接纳自己的情感和感受，以及自己所处的处境。接纳自己并不是认输，而是一种强大的表现，这样才能更好地面对自己的问题，迎接自己的挑战，并走向未来。

前面所说的朋友，人到中年，上有老下有小，需要心力来照顾家人，所以躺平是整体平衡的选择。每个选择背后都有正面意图，每个人都会做出当下最佳的选择。所以躺平时尽情休息，奋斗时努力拼搏，无须纠结，便不再耗能。

能够自我觉察，并主动调整自己的状态，就很不错。也许有一天，对我们来说，不存在完美、躺平或奋斗，而是“从心所欲不逾矩”，这就是智慧的状态。

6.2 接受自我

6.2.1 如果打不败天性，还要努力做什么

“趁早”品牌创始人王潇在一篇名为“打不败的天性”的文章中提到，她的一位大学同学总是能早起，但却无法控制自己的饭量。她自己则可以节制饮食，但做不到早起。最后，她意识到这就是天性，因此不再纠结于是否早起，而是选择利用效率手册来更高效地使用时间。

实际上，研究表明，人们有早睡早起的“早起鸟”型和晚睡晚起的“夜猫子”型，这些习性基本上是天生的。并且，天性的差异远不止于此。

1. 天性差异

科学家发现，人的食指和无名指长度之差反映了睾固酮分泌水平。

食指比无名指长得多的人，睾固酮水平较高。通常，这类人的运动能力较强，跑步速度更快。此外，男性和女性的大脑也存在天生的差异。

格拉德威尔在他的一本著作中写道，宇航员在训练过程中，在狭小的返回舱中等待救援的几小时里，每个人的表现差异很大。有些人非常恐慌，感觉好像返回舱壁被海水挤压，自己也要被挤扁；有些人在这几小时里一直非常平静。中国宇航员杨利伟就属于后者，在飞船剧烈颠簸时，他的心跳仍然缓慢而稳定，这也是天生的特质。

激情、创新、冒险和冲动常常是好兄弟，而平静、保守、宽容和逆来顺受也常相伴。既富有激情又冷静，能文能武的人，可谓是人中龙凤。

例如，游泳名将菲尔普斯的上半身较长，手大腿短，这是非常适合游泳的体型；举重运动员通常较矮；芭蕾舞演员也不能太高。每个人的天性都有差异，顺应天性，做事更加轻松，成果更易取得。反之，如果非要逆着天性努力，结果往往事倍功半，甚至难以胜过那些天性擅长的人。因此，发现自己的天赋优势至关重要。

2. 分类的局限性

所谓物以类聚，人以群分。人们似乎天生喜欢分类，如将个性归为外向或内向，接收信息的风格分为感知型或直觉型，决策风格分为逻辑型或情感型。

我们说男性大脑和女性大脑在很多指标上存在差异。然而，英国广播公司（British Broadcasting Corporation，BBC）曾经制作了一个节目，发现同一个人在不同项目上的能力高低不一，因此将一个人的大脑归为男性大脑或女性大脑并不合适。事实上，人的能力呈锯齿状分布。比如，在智商测试中，虽然总分可能相同，但各项得分可能相差很大。因此，人们总是需要不断发现自己的个性，了解自己擅长和不擅长的方面。

3. 努力的作用

我们的大脑具有可塑性，从这个角度来说，个性是可以被塑造的。如果一个人在压抑的环境中长大，他的大脑会发生改变，杏仁核更加敏感，容易对负面情绪和压力敏感，因此不适合从事高压力的工作。

莫扎特虽然是神童，但我们不能忽视他 6 岁前就已经接受了 3000 小时以上的音乐训练，比尔·盖茨固然家境优渥，他也在计算机编程上投入了大约 1 万小时的练习时间。因此，没有人能轻易成功，很多有天赋的人也同样非常努力。爱迪生曾说：“天才是 99% 的汗水加上 1% 的灵感。”

即使基因检测也只能告诉你概率，并不代表必然。要了解自己能力的边界，还需要不断跨越舒适区，去探索和训练，并发现哪种方式是自己最佳的工作方法。

你可能会说，这不就得出了一个老生常谈的结论：人既需要努力，也需要天赋。问题在于，许多人还没有努力到可以拼天赋的程度。

努力的意义并非在于成功，而是对生命的充分体验。所谓“五十知天命”，实际上是经过无数次尝试，接纳自己的天性限制之后的结果。接受限制但不放弃希望，相信时间的力量，这让我们不管有多少皱纹，仍然拥有一颗年轻的心。

总而言之，了解和接纳自己的天性非常重要，这将帮助我们找到适合自己的发展方向。同时，我们也需要不断努力，挑战自己的极限，尽可能地发挥自己的潜力。在这个过程中，我们将更好地了解自己，发现自己的优势和劣势，从而实现更高的人生境界。

6.2.2 灰度沟通，让沟通更有弹性

我的女儿步入青春期后，有段时间只穿黑白两色。我以笑谑的口吻称她的思维比较极端，非黑即白。小孩子看电影，一个角色出场，他们最常问的就是“这是好人还是坏人”。长大后，我们发现这个世界并非

如此简单，不能单纯地用好与坏来衡量人，每个人都有弱点，也有人性的光辉。因此，我们也接受在黑与白之间，存在各种灰色。

有次看著名作家毕淑敏的采访，她说快 60 岁了，耳顺了，自己感到很开心。人年纪越大，经历越丰富，心胸越开阔，容忍度也越高，所以脾气会变得更好。

以前我从不迟到，也不能接受别人迟到，现在我知道迟到背后一定有个重要的理由。以前认为弄虚作假是很恶劣的行为，如上班代打卡，现在都属于可以权变的范围。曾经觉得有话直说是坦诚的表现，现在发现看破不说破也是一种智慧。

所以，我变得更成熟了。成熟带来包容、理解和慈悲。每个人都不容易，都在做出当下的最佳选择，每个行为背后都有正面意图。我也更理解为何要严于律己，宽以待人。

现在我听别人的观点，只是倾听，因为我知道大多数人只是在讲故事。

1. 人们站在自己的立场上陈述观点

对于同一件事，人们的看法确实可能同时具有正向和负向看法，或者来自不同的角度。然而，人们可能只表达其中一个方面的看法。

例如，当你被领导批评时，你的朋友可能会和你一起抱怨领导，指出领导做错的地方。然而，他心里也明白你可能也有做得不好的地方，但出于对你的关心，他可能不会说出来，以免让你受到伤害。然而，如果你们之间的关系非常亲密，这位朋友就会告诉你，实际上你确实需要提高自己，在你可控之处努力，而不是责怪他人。

2. 人们可以告诉你事实，但只是部分的事实

在“万维钢精英日课”中，有一节课讲到“事实，只是事实，全部的事实”。这意味着我们不仅要避免说谎，还要尽可能提供完整的真实信息。实际上这很难做到。

例如，有人可能会告诉你某人是好人，但这种说法过于绝对。他们可以说，据我所知，那个人救过一条流浪狗，这是事实。但还有另一个事实是，那个人骗过别人的钱。你可以只提及其中一个事实，虽然没有撒谎，但这可能会误导别人。

3. 人不可能掌握全部事实

由于个人视野的局限性，我们不可能掌握所有事实。因此，你收集到的关于某人或某事的信息可能是片面的，甚至是相互矛盾的，拼凑在一起也无法呈现完整的画面。所以，你可以选择继续调查，或者相信某些人的观点，或者根据自己的情况做出判断。

许多信息在传播过程中被曲解，多次引用之后，人们甚至不知道真相究竟如何。例如，著名的哈佛目标实验被证实是虚假的，但现在仍有许多培训师在讲述这个实验。爱因斯坦从未说过“复利是世界第八大奇迹”这种话，爱迪生说“天才是99%的汗水加上1%的灵感”，但并未说过“没有这1%的灵感，那99%的汗水也是徒劳的”（这是采访他的记者自己说的）。然而，这些话因为被用来证明某些观点而广泛传播，说得多了，就变成了真相。

4. 人的认知总是在升级，之前认为是错的，以后可能认为是对的

我们在表达观点时，通常会结合事实。观点具有主观倾向性。在教练过程中，我们经常让对方从他人的视角、时间和空间转换等方式来看待问题。这样，人们的看法往往会发生变化。因此，虽然我们喜欢辩论对错，但当考虑到情境时，往往难以轻易判断。或许，我们只是变得更加宽容。

季羡林先生曾说：**“真话不全说，假话全不说。”**稻盛和夫认为，只要**“动机至善，私心了无，便可无所畏惧、一往无前”**。因此，在说真话时，我们要确保自己的发心是至善的。除此之外，还要保证自己不被误导和伤害。

如何做到呢？我觉得万维钢的建议很有道理：

一个硬功夫，就是恪守逻辑，即事实是否足以推出他想要的观点。

一个慢功夫，就是平时要对世界上的各种事有一个比较靠谱的了解。

一个好习惯，听事别只听“一方面”，永远要听一听“另一方面”。

一句话总结：逻辑判断、多学多看、兼听则明。

6.2.3 尊重差异，发挥优势

人们总是渴望了解自己是什么样的人，这就是为何性格测评课程在企业界如此受欢迎。

心理学家荣格曾提出心理类型理论，将人的性格划分为三个维度：能量获取方式（内倾或外倾）、信息接收方式（感知或直觉）和决策方式（逻辑或情感）。后来，伊莎贝尔·迈尔斯（Isable Myers）和凯瑟琳·布里格斯（Katharine Briggs）母女为此增添了一个维度——生活方式（判断或知觉），从而发展出了被广泛应用的MBTI测评（Myers–Briggs Type Indicator）。美国航空航天局原高管查理·佩勒林（Charles Pellerin）则将其中的信息接收和决策两个维度独立出来，形成了以四个维度划分的四象限，提出了“4D系统”。查理的初衷是让人们关注全能领导力的培养，以打造高绩效团队。然而，许多企业将这个课程简化为仅仅进行性格测试，这无疑是一个遗憾。

人的个性受基因和环境的双重影响。在25岁之前，大脑的可塑性极强，因此人的经验会被整合到大脑的物理层面，形成根深蒂固的心智和行为模式，从而使个性基本定型。这导致人与人之间在诸如沟通、工作习惯和人际关系等方面存在显著差异。

正因如此，当具有不同性格特点的人合作时，他们虽然可能面临诸多困难，但也有机会从彼此身上学习和成长。

1. 人和人的差异

从 4D 系统的视角看，本书两位作者分别位于"4D"对角线的两个维度上，云鹏是橙色指导型（实感 + 逻辑），爱芬则是绿色培养型（直觉 + 情感），二者之间存在巨大的差异。

云鹏冷静而理性，关注事务、细节和现实，言辞平淡，给人一种距离感。在陌生的环境中，云鹏需要较长的时间才能结交到值得信任的朋友。相反，爱芬热情洋溢，更关注人际关系、整体和可能性，肢体语言丰富，能够迅速与陌生人打成一片。

云鹏能够注意到他人表情的变化，但通常会立刻忽略这些信号，不去深究背后的情感和含义。爱芬则对自己和他人的感受非常敏锐，具有极强的同理心，尽管有时显得情绪化。云鹏撰写文章时必须经过数小时的构思，两小时内能写出 2000 字，结构清晰、逻辑严密，但略显平淡。爱芬则顺从内心的感受，半小时内便能完成 1000 字，文字生动、趣味盎然、极具吸引力。

我们之间的差异如此显著，仿佛来自两个不同的星球，因此我们最终成为一对让周围的人感到诧异的 CP[㊀]。

2. 相互欣赏，发挥优势

自 2017 年起，我们开始展开深度合作。由于彼此间存在巨大的差异，初期的合作并不十分顺畅。爱芬总是充满奇思妙想，想到什么就尝试什么，她提议在课程中增加或删减某些内容，而这些决定似乎并未经过深思熟

㊀ CP 是英文单词 couple 的缩写，本意是一对夫妇。网络上以其缩写 CP 来形容合作良好的伙伴，不限于异性。

虑，这让追求稳定感的云鹏感到有些无奈。爱芬也经常觉得云鹏做事有许多条条框框，每当她灵感迸发、思维天马行空时，总是被云鹏冷静地拉回现实。

然而，我们带着好奇心，去探索为何彼此的选择不同。我们极为开放地接纳对方的观点，大胆假设、小心求证，而不是捍卫自己的立场。更为关键的是，我们能够相互欣赏、开放、信任。

在课程设计方面，我们都倡导简洁高效的理念，因此在头脑风暴中能迅速达成共识。我们共同授课，为学员带来更多收获。爱芬很自然地与学员建立情感联系，引领他们融入身心体验，云鹏则以严密的逻辑讲解知识点和流程步骤，帮助大家系统地理解课程内容。当一方出现疏漏时，另一方会及时补充。这让学员在学习过程中，左右大脑交替活跃，用头脑、心灵和身体去学习，又能保持注意力，不致疲惫。

除了授课，我们还互相修改文章，提高对方文章的可读性或逻辑性。我们还共同锻炼身体。起初，爱芬喜欢瑜伽，云鹏则热衷于力量练习。但我们找到了共同的爱好——跑步。曾有一年，在北京寒冷的冬天中午，我们围绕公司园区跑步，吸引了许多惊讶的目光。

爱芬是因为信任而看见，云鹏是因为看见而相信。爱芬会“把帽子扔过篱笆”，而云鹏则会“跳过篱笆捡帽子”。

总之，尽管性格差异可能带来挑战，但同时也为合作伙伴提供了一个宝贵的学习和成长的机会。在合作中，每个人都应充分发挥自己的优势，尊重和欣赏他人的长处，从而实现共创价值、共赢目标。在这一过程中，他们可能需要不断地调整和改进，以提高合作的效率和效果。

与此同时，合作伙伴之间的信任和尊重至关重要。他们需要相互支持，倾听对方的意见和建议，共同应对问题。这种关系有助于他们更好地了解彼此，提升自身的能力和素质。

3. 在合作中更加有效

我们亦师亦友亦闺密，从对方身上学习。我们参与对方的生活改变和个人成长，建立了深厚的友谊。而在互相担任教练时，我们的关系得到了升华。由于我们之间存在巨大的差异，在教练式对话中，教练能真诚地表现出好奇心，提出有力的问题，正是这些问题让对方看到自己的盲点，创造更大的觉察。因为有足够的信任，不需要太多的磨合，可以直接出成果。甚至可以在一次对话中，层层深入，产生三次对话的效果。

德鲁克说过：“在我认识和共事过的许多高效的管理者中，有的性格外向，有的令人敬而远之；有的超然世外、卓尔不群，也有人羞涩内向；有的固执独断，有的随和应变；有的体态丰满，有的身材苗条；有的性格爽朗，有的忧心忡忡；有的豪饮，有的滴酒不沾；有的待人亲切，有的严肃冷峻……这些人虽然各不相同，但都可以有效（effective）完成正确的事情，做出贡献。”

我们都追求高效，不断学习成长，养成良好的习惯。每个人发挥自己的优势，同时接纳自己的短处。因为每个人都不完美，我们力求打造一个完美的团队。

我们互补的能力背后是相似的价值观。例如，“成长”和“智慧”是我们共同的价值观。爱芬的核心价值观“流动的爱”与云鹏的核心价值观“慈悲”含义相似。近年来，我们不断跳出舒适区，朝着自己的愿景奋进，从培训师转型为教练和作家。我们约定将持续合作写书，成为彼此的长期教练，相伴成长，创造 1+1 ＞ 2 的效果。

谢尔·希尔弗斯坦（Shel Silverstein）在其经典作品《失落的一角》一书中提到，每个人都会在生活的历练之后修炼成自己的圆满。在修炼的过程中，你会遇到各种人，他们都是来成全你的，愿你拥有最好的合作伙伴和自己的大圆满。

6.3 成长心态

6.3.1 负重前行，不破不补

最近见到一个朋友，状态相当不错，她向我分享了自己最近的生活变化。过去几年里，她经历了诸多波折，但从未见她抱怨，而是以自己的方式努力应对。看到她现在轻松愉快的样子，我不禁感慨改变对她的益处。

李中莹老师曾经用了一个比喻，当你的手在火上时，你所感受到的痛苦实际上是在提醒你需要改变，而非假装一切正常，直到手烧焦。

1. 痛苦是给我们的礼物

身边有很多人在经历痛苦后反而活出了一份豁达。

一个朋友告诉我她退休了，因为她计划 40 岁就退休。她曾经身患重病，拒绝了常规治疗方法，用自己的方式调养身体，康复后的她变得更加洒脱。为了退休，她做了很多安排，现在她可以全身心地投入自己喜欢的事情。

还有个朋友，有一次遇到车祸，手臂严重受伤，大大小小做了数次手术。她的手臂的精细运动神经受损，她学会了求助，也通过练习达到了超出预期的恢复效果，刷新了医生的认知。

回到工作状态后，她照样阳光乐观，这次事故让她对人更加有悲悯之心。

有几位女性朋友，要么曾亲身经历生死边缘，要么遭遇亲人的重大变故。这些经历让她们克服了对死亡的焦虑，变得更加成熟和豁达。

我记得看过一个关于物理学家史蒂芬·霍金的采访。霍金说地球在其寿命的前半段没有遭遇灭绝性灾难，但在未来的百年、千年或百万年里，遇到小行星撞击等灾害的概率将更大。因此，我们的子孙后代没有我们幸运，我们应该去太空寻求新机会。

当我们回顾诸多人生经历，无论是遭遇学业失败、疾病困扰、情感裂痕、客户施压、职场裁员、亲人离世、婚姻变故、孩子的叛逆、合伙人的欺诈，或是媒体的负面报道……人生课题就在这些困厄中逐步展现，每个难关都是对我们韧性的检验。

如果我们总是沉湎于错误和失败，就会陷入受害者的角色，无法自拔。然而，如果我们能将这些冲击事件视作生命赠予的礼物，就能揭去事件的丑陋外表，洞察其背后深远的含义。

失恋使我们学会放弃寻求“完美伴侣”的幻想，认识到真正重要的人其实是自己。生病让我们意识到健康的重要性，开始锻炼身体，均衡饮食，注重休息。挫折使我们学习相关领域的知识，并塑造新的思维模式和技能。亲人的离世让我们深刻理解生命的有限性，思考如何活出无悔的人生。

往往就在生活的冲击之下，我们实现了认知的转变。当我们能够从经历中学习，无论经历多么灰暗，我们都将收获宝贵的礼物。这并不是说，我们因此会觉得更轻松。如果可以选择，我们当然更愿意避开这些艰难的经历。但这就是生活，我们需要从中学习，不断成长。

既然如此，我们就只能学习尼采的名言：**“任何不能杀死你的，都会使你更强大。”**人生无常，人必然会遇到各种事件，遇到什么事、何时遇到，人无法预测。幸运的是，人类具有天生的抗挫力和自我复原能力。心理学家的研究表明，即使是截肢这样的事件，尽管当时痛苦无比，但两年后，人们基本上会恢复到之前的心理状态。

这些痛苦似乎是人生的礼物，经历过后、复原后，人们锻炼了韧性，获得了学习和成长的机会。从乐观的角度看，人们还会有一些传奇故事可以让后辈传颂。走过一生，每个人都是英雄。

如果你可以撰写自己的人生剧本，以终为始地思考：

- 你想给后辈讲述什么样的故事？是如何战胜困难、凤凰涅槃、浴火重生的故事？是挑战自我、发现潜能、活出与众不同人生的故事？是恬淡美好、享受生活的故事？还是呼吁众人行动、改变世界的故事？
- 你会如何将人生中的高峰与低谷转化为礼物，从中获得独特的体验，收获人生智慧？
- 这其中如何体现你的个人价值观？
- 他人如何从你的经历中获得启示？
- 你的内在力量和资源是什么？
- 其他人是如何支持你的？他们如何看到你的潜力？
- 因为这些礼物，你的人生有什么不同和可能性？
- 从现在开始，你可以采取什么行动？

思考这些问题，或许能帮助你更好地应对人生的挑战，实现自己的成长与价值。

2. 负重前行

我有一个非常亲密的朋友，她刚刚步入中年，面临各种挑战：她的孩子进入了中学，成绩却不如意，她想辅导孩子学业，但孩子总是反抗；她的丈夫由于工作的原因经常参加社交活动，她担心他的健康；她的母亲年事已高，但由于生活在异地，她无法亲自照顾；她现在和领导关系紧张，工作不愉快；随着年纪的增长，身体和精力也不如从前……

然而，站在教练的角度，我并不认为我的朋友有许多“问题”。人到中年，必然会面对父母年老和孩子成长的双重压力，谁家不是一地鸡毛？如果只关注这些问题，她就忽视了生活中积极、顺利的方面，也忽视了她付出的努力。实际上，我并不需要大费周章地给她出主意，因为我相信她有解决问题的能力。

也许你看过这样一幅画：每个人都背负着重重的十字架，步履艰难地前行。有一个人觉得十字架太重了，他决定砍掉一部分。于是他轻装上阵，走得更轻松、更快。然而，前方突然出现一个深深的沟壑，旁边没有桥，四周也没有路。后面的人都赶了上来，他们用自己背负的十字架搭建成了桥，从容地跨过了沟壑。他的十字架已被削短，无法作桥，只能停在原地，追悔莫及……这就是人生的寓言：每个人都在背负重担前行。这些看似负担的东西，其实是我们的学习和锻炼，也可能在关键时刻帮助我们度过生活的难关。

3. 不破不补

人生无非是面对一系列的挑战，每个人生阶段都有各自的问题需要解决。年轻时，我们满怀激情，需要学习和掌握各种技能，有充沛的体力和热情，却往往缺乏财富和经验。进入中年，上有老下有小，虽然经验积累了不少，却面临更多的责任和挑战。然而，随着年龄的增长，我们也有更多的智慧和从容，能在生活中游刃有余，从心所欲不逾矩。

有些问题，也许本身并不是问题，只是你在心里将其定义为问题。甚至在没有问题的情况下，我们也倾向于寻找问题。我参加过一些心理学工作坊，发现在这些场合，许多人都希望找出问题，而且越严重越好，仿佛只有这样，才能证明自己得到了深刻的启发和帮助。

记得有一次工作坊中，一个参与者提到她从几年前开始突然就不能吃肉了，吃了就会吐。她想要找出心理学上的解释。老师问：“你能接受不吃肉吗？”学员说：“能。”老师又问：“你不吃肉难受吗？”学员说：“不难受。”老师说：“那就不吃好了。还找什么解释？”

这让我想起了我在2018年参加的海灵格在北京的工作坊。在那之前，我一直觉得自己有很多问题，但看到其他人的情况后，我发现其实自己是很正常的。问题是，这些人在来到工作坊之前，他们的生活可能一切都好，只是在某些方面有些不尽如人意。如果你把注意力都放在了不满意的地方，你自然会感到自己的生活很痛苦。有些人可能会不断地寻找各种工作坊，希望一些大师来帮助他们解决问题，但这其实是一种依赖性的思维。

反观，有些所谓的大师乐于深挖人们的过去伤痛，给人们贴上各种标签，好像没有他们的引导和协助，这些人的人生就将陷入一片愁云惨雾。这其实是他们的自恋情结在作祟。

真实的情况是，生活中的问题确实存在，我们可以并且应该逐个面对和解决它们。人生无常，命运不会偏爱任何人。你无须在解决所有问题之后才能前行。心理学应在日常生活中得到应用，而非一味地依赖某一次催眠或者系统排列就能解决所有问题，也不应将问题简单地交给“大师”来解决。问题的存在，意味着有更多的目标需要我们去实现。饭要一口一口地吃，目标也要一步一步地去实现。

关键是要明确你自己想要什么，保持你的身份稳定性，遵循自己的价值观，去做你能做的事情，进行更多的觉察和反思，而不是被自动化的反应驱动。你需要面向目标，规划并执行解决方案。当然，我们也需要社会关系的支持。

教练式对话遵循的是奥卡姆剃刀原则：“如无必要，勿增实体。”换句话讲，解决问题时，我们应保持简洁，不要复杂化。当面对问题时，我们要遵循这一原则，尽量简单直接地解决问题，而非使问题变得更复杂。这样我们就能更从容地面对生活的挑战，逐步塑造更好的自我。

6.3.2 如何应对中年危机

1. 中年危机的日常，生活是需要体验的

在和朋友的闲聊中，我们分享了彼此的中年危机。一位朋友的母亲

已经年迈，但她不能一直陪在母亲身边，每个月都要乘飞机回去看望母亲。她在离开时因为母亲的一句“不想让你走”而情绪崩溃，她无法直面自己内心的愧疚，她无法预测每一次的离别是否意味着永别，她不敢想象，只能用生气来掩盖真实的感受。

另一位朋友在工作中遭受职场冷暴力。他被“晾”在一旁，然后又被迫做一些实习生都可以胜任的工作，个中煎熬可想而知。然而，他真的不明白自己究竟哪里做错了，难道仅仅因为没有讨好领导吗？作为一个“直男”，他无法理解这样的行为也能成为被边缘化的理由。

我同样感到困惑：每天都忙得不可开交，但是不清楚忙碌的背后究竟意味着什么。她经常情不自禁地问自己：“活着到底是为了什么？”她因为这个问题被贴上矫情的标签，有人说，活着不就是为了活着吗？还需要为了什么？大家难道没有这样的困惑吗？还是只有我有问题？

这就是中年人的境况，父母年迈，职场上被冷落，孩子面临青春期，而我们却需要以微笑来面对所有事情，否则就会被贴上矫情、幼稚、情绪管理能力差的标签。

我们的谈话最后落到这样的结论上：“这就是生活，生活需要我们去亲身体验，我们以前知道的道理现在变成了现实，在体验的过程中，我们真正理解了这些道理。”

是的，这就是生活！作为中年人，我们不能再扮演受害者的角色，不能再抱怨“一切都是别人的错，是别人导致了这一切”，我们已经没有精力去指责别人，因为这没有意义。所以，我们学会了咬牙坚持并告诉自己“这是我的选择”。

对，确实如此。

一位同事在单位的一次会议上说，一个人长大了的标志就是天气冷了，自己会主动穿秋裤。这其实就是从“都是你不给我拿秋裤，让我感冒”变成“我自己找出秋裤，默默地穿上”的过程，从“不得不”变成“我选择”的过程。

我选择了现在的生活，我选择承担现在的后果，我选择……虽然听起来有些无奈，实际上，背后却是一种力量，我们承担选择的后果，我们接受选择之后的情绪。在无奈中，我们成为生活的主宰。

也许，这就是中年危机的真正含义吧！如果你不主动成长，生活会迫使你成长！

2. 什么是中年危机

中年危机这个话题近年来在网络上广泛传播，网上流传着一个著名的帖子，一位45岁程序员称："自己精通各种技术体系，却连个面试机会都没有。"在这里，我们不讨论他所谓的精通是真的还是自我感觉良好，我们关注的现象是职场对中年人确实存在一定的不友好态度。近年来，由于各种不景气，大公司纷纷裁员，35岁以上的员工首当其冲，失业后也难以找到新工作。这使得人们感叹"中年危机"并非空穴来风。

作为中年人，这个话题是无法回避的。人们普遍认为中年危机是不可避免的，甚至是无法挽回的。然而，随着人类寿命的不断延长，甚至有可能达到百岁，中年就宣布职业生涯结束实在太过悲观。

"中年危机"这个词最早是在1965年由加拿大心理学家埃利奥特·贾克斯（Elliott Jaques）在《国际精神分析杂志》（*International Journal of Psychoanalysis*）上发表的一篇论文中提出的。这个说法引起了巨大的轰动，人们突然觉得自己的不开心原来是因为遇到了"中年危机"。

然而，丹尼尔·平克（Daniel Pink）在《时机管理》一书中指出，研究人员发现"中年危机"的说法实际上站不住脚。2010年，包括诺贝尔经济学奖得主安格斯·迪顿（Angus Deaton）在内的4名社会学家发布了一份关于"美国幸福感年龄分布快照"的研究，受访者有34万人。研究结果表明，虽然人们在中年时期的幸福感确实有所下降，但这种降幅度相对较小。

这并非仅限于美国的现象。经济学家戴维·布兰奇福劳（David

Blanchflower）和安德鲁·奥斯瓦德（Andrew Oswald）发现，在 72 个国家中，人们在幸福感或生活满意度方面都呈现出显著的 U 形变化。

俗话说“人到中年，上有老下有小”。此时，父母年事已高，健康状况堪忧；孩子正处于青春期；自己的精力逐渐减弱；事业上升空间有限（因为已处于金字塔的中上层），面临年轻人的竞争；有些人的婚姻也可能出现问题。确实，在这个阶段，幸福感可能会降低。然而，每个年龄段都有其独特的挑战。人到 50 岁左右时，幸福感通常开始回升，甚至超过青少年时期。这主要是因为我们在年轻时对生活的期望过高，当我们认识到生活的真实面目并调整期望后，幸福感便会回升。

3. 中间点的松懈

其实，不仅从人生的整体角度看，人们的状态会有起伏，在具体的事务处理中也存在“中间点松懈”的效应。

在工作坊中，我们经常可以观察到这样的情况：当给各小组分配任务后，各小组开始讨论。A 提出一个想法，B 开始反驳或应和，然后 C 开始跑题，讨论没有进展。突然，有人意识到时间紧迫，提醒组员，大家立刻回到主题，迅速达成研讨成果。

类似的情况可能发生在我们的读书或学习计划上。刚开始可能会坚持得很好，但随后可能会因为懒惰或其他干扰而松懈。当意识到已经过去了一半的时间，你可能会有两种反应：一种是放弃，认为这是又一次失败的尝试；另一种是“呃—哦，时间不多了，我得抓紧了”。

在工作中也存在类似的现象。项目初期，大家可能觉得时间还早，几乎什么都没做。项目过半，有人警醒道“呃—哦，我们时间不多了，咱们得抓紧了”。大家开始有紧迫感，积极沟通，产生新点子，并取得显著进展。

学者康妮·格西克（Connie Gersick）将这种现象称为“呃—哦效应”（uh-oh effect），即项目达到中间点时，项目成员会感到一种新的紧迫感，这种紧迫感能够激活个人 / 团队成员的动力，改变其行动策略。

缩小尺度观察人生，我们会发现在许多阶段都存在这样的效应。每个人对中间点的感受不同，但也有一定的规律。身边的朋友中有在高二时突然“开窍”的，从学习成绩一般到学习成绩优异；也有在大学玩了两三年后开始努力考研或考托福的；还有在工作岗位变换后如换了一个人般充满干劲的。中年正是这样一个关键时期，提醒我们要以不同的方式面对生活。

4. 如何顺利度过中间点

如何顺利度过中间点？以下三个方法值得参考。

（1）设定中期目标。企业会将年度目标拆分到季度，半年时进行总结。我们在设定个人目标时，也应考虑这一点。例如，为 6 个月的减重计划设定 3 个月的目标，将大目标分解为小步骤。这样，当时间过半时，我们会收到一个提醒，意识到需要加快进度了。

我们也需要给自己设定一些人生的中期目标，比如 35~40 岁找到人生使命愿景、40~45 岁打造第二曲线或转型……

设定目标后，公开宣告，制造社会压力，对有些人来说会起到非常重要的促进作用。同时有一群志同道合的伙伴也非常有用，比如我们的写作群，既会产生压力也会产生动力。

（2）以愿景激励自己。许多中年危机其实源于意义危机，人们开始思考“此生为何而来”。年轻时我们常常按照父母的期望行事，到了中年，我们希望能找到自己的生活方式。了解自己做事的意义，我们将拥有长期的动力。通过教练式对话，我们可以探讨个人的使命愿景，一个经典提问是“谁会因你受益”。当人们遇到困难，感到困惑时，我们会问“当初是什么让你想做这件事”“遇到了这样的困难，你却没有放弃，是什么力量支持着你”。这些回归初心的提问，会帮助人们重拾动力。

（3）寻求支持度过低潮期。休斯敦大学教授布琳·布朗（Brené Brown）将中年定义为“世界抓住你的肩膀告诉你，‘我帮不了你，你得靠自己’的时期”。

中年是一个需要自我关怀和自我激励的时期。我们可以向教练寻求支持，或尝试克里斯延·内夫在《自我关怀的力量》一书中建议的方法：以“一个无条件爱你的朋友的角度”给自己写一封信，表达关怀和鼓励，同时写上可以采取的改变措施。

而与教练的对话，会让你从更加纵深和宽广的视角看待自己的境遇，并挖掘自己拥有的资源。一方面，你会发现自己并不孤独；另一方面，当你拓宽视角，看到自己的资源和努力，你会更有信心去行动。

一个人在原来的轨道上久了，就会产生惯性，以为这就是人生的正确走法，其实中年是一个整理自己，打造第二曲线的好机会，离开原来的轨道才能发现有其他的可能性。

因此，我们需要重新审视“中年危机”，理性分析中年人在职场和生活中面临的挑战，以及如何应对。面对中年危机，我们可以调整心态，积极寻找新的职业机会，增强自我学习能力，提升综合素质，从而化解危机，迈向更美好的人生阶段。

当然转换职业赛道并不容易，但人生本来就是解决一个个难题，无论坎坷或平顺都会过去。所有的经历都可以变成财富，只要我们相信自己，勇于探索，并及时复盘，经常问自己“我从中学到了什么”。

6.3.3　凡事多问“我从中学到了什么”

1. 没有失败，只有反馈

每到年底，我们的教练客户们会在教练式对话中进行年度复盘。联想集团的柳传志将其作为总结的代名词引入企业，迅速被其他企业学习。

复盘成为反思总结的代名词。

某天，萧叶在进行年度复盘时发现，年度清单中好几个目标尚未完成，她感到自己做得很失败。教练邀请她回答几个问题。以下是教练的提问和她的回答，仅列出要点。

1）请用三个关键词概括你的上一年，你如何诠释这三个词？

- 尝试：与两家机构合作。
- 发现：明确自己的需求。
- 平衡：在忙碌中兼顾家庭。

2）上一年满意度打分（10分最满意，1分最不满意），你会打几分，为什么不是更低？

- 6分。完成了几件一直想做的事。

3）上一年最感谢自己的是什么？

- 突破限制，主动寻求合作。
- 实现了部分设定的目标。

4）如果重来一次，会做得不同的事是什么？

- 提高时间效率，减少无关事务。
- 保证目标定力，坚守核心目标。
- 拓展舒适区，加强短板训练。

5）过去一年你学到了什么？对未来的意义是什么？

- 明确自己的需求，决策时不纠结。对于重要的决策可以先和教练讨论。
- 持续精进，让长处更长；拓展短板，并通过团队合作弥补。

当对话进行到这里，教练问："你有什么发现？"萧叶说："我想起你之前对我说过的'没有失败，只有反馈'，我还是可以从这一年的经历中有所学习，并指导我的新的一年。”

接下来，教练和萧叶探讨新的一年的目标，并用 KISS 模型［keep（继续）、improve（改进）、stop（停止）、start（开始）］确定了下一步的计划。

2. 没有失败的过去，只有不复盘的过去

复盘是行动后的深刻反思和经验总结，是一个不断学习、总结、反思、提炼和持续提高的过程。复盘一直都是优秀成功者的习惯动作。你可以自己复盘，也可以在教练的引导下复盘。可以按时间复盘，如每天、每周、每月、每季度、每年，也可以按事件复盘，对事情进行阶段性总结。

若不复盘，无论做事成功与否，都无法明确哪些做法有效，哪些无效。如果像小动物寻找食物般尝试每条路线，效率过低。而从错误中学习，则达到人类学家贝特森所说的第二级学习：你能把问题放到情境中，观察在系统内你与他人和环境的互动模式，选择性地进行反应，并对这些反应再选择。

复盘时，要关注自己有效和无效的行为，**有效多做，无效求变**。通过复盘，我们还能了解自己的优势和不足。

3. 你从中学到了什么

管理大师彼得·德鲁克在《管理自我》一文中介绍了一种自我复盘方法——回馈分析法（feedback analysis），即每次做出重要决策或采取行动时，记录预期结果。9~12 个月后，将实际结果与预期比较。德鲁克表示，他采用这种方法已有数十年了，这种方法为他带来了意外收获。

有教练参与复盘的优势是能引导客户从更大视角看待自己，包括文化、社会、历史、人类和宇宙视角。我们既受其制约，也产生影响。这些视角的切换会改变对自己、他人和世界的看法。一旦我们突破自我，突破情境，实现跨界，带着对宇宙、人类社会、历史、文化、事物发展

科学规律的视角理解人类、家庭和自己，我们的学习就达到贝特森所说的第三级学习。

人生没有白走的路，每一步都算数。所谓成功或失败，都是一种反馈。若能从中学习，经历和经验都可变为财富。有时看似走弯路，甚至痛苦，却让我们顿悟，改变自我认知。这种顿悟可能源于他人的一句话、书中的一段文字，或者来自我们内心深处，似乎是一个更加智慧的自我在告诉我们“原来我是这样的人”，仿佛一束光照亮了我们认知的盲点，揭示了关于自己的“真相”。

这些关于自我认知的顿悟对我们的未来具有巨大价值。我们需要突破自我，将自己置于风险之下、进入新环境。自我突破带来的不仅仅是成功，更是成长。

要点

1. **自我觉察**：人生只有三件事：老天的事、他人的事、自己的事。我们要对自己的事负责。我们所察觉的问题往往仅是冰山一角，在冰山下可能隐藏着一个无效的模式。找到这个模式便能引发改变。若能自我觉察、了解并接纳自己当前的状态，通过自我教练主动调整状态，我们就能成为自己的人生教练。

自我教练提问：

1）这件事情哪些部分是可控的？哪些部分是不可控的？

2）我的核心需求是什么？对我来说什么是重要的？

3）如果这件事情的发生背后有一个礼物给予我，那会是一个怎样的礼物？

2. 接受自我： 人们的能力呈锯齿状分布。我们需要了解自己的天性，发挥自己的优势做事，并通过团队合作创造更大的价值。要了解自己能力的边界，我们需要不断走出舒适区，去探索，去训练。

自我教练提问：

1）为什么我不能接受自己的某一方面？

2）如果我带着允许和接纳的状态看待自己，有什么新的发现？

3）列出我的优势有哪些？我经常被别人赞美的品质有哪些？

3. 成长心态： 每个人都在负重前行，人生中的高峰与低谷都是我们成长的礼物。我们需要培养成长心态，没有失败，只有反馈。为自己设定目标，通过复盘总结和反思，让经历和经验转化为宝贵财富，从中汲取人生智慧。

自我教练提问：

1）回顾我人生中的一个低谷时刻，我从中学到了哪些宝贵的经验？

2）思考过去一年，我取得了哪些方面的进步？

3）请描述自己最近的一个闪光时刻，并思考是哪些个人特质帮助自己取得了这样的成就？

第4篇

深度连接，让影响力持续

情感比纯粹的理性更重要，社会关系比个体选择更重要，性格比智商更重要，群体智慧比个体思考更重要。

——戴维·布鲁克斯（David Brooks）《社会动物》

成为自己的人生教练

第7章

同理心：让人际关系更和谐

同理心在于寻找内心对另一个自我的共鸣。

——穆赫辛·哈米德（Mohsin Hamid）

7.1 理解同理心

7.1.1 何谓同理心

这是课堂上的一段对话。

学员小明说他的工作实在是太忙了。

云鹏："忙到什么程度？"

小明："每周一、三、五都要加班到晚上9点。"

云鹏："我给你讲个故事，有一天，我对爱芬老师说，'我昨天睡了7小时。'爱芬老师疑惑地问，'这算多还是不多啊？'我回答，'多啊，因为我平时每天只睡6小时。'爱芬老师说，'哦，我每天睡8小时。'你看，和一些人比起来，你确实很忙，但我有一个创业的朋友，没有周末，每天工作16小时。忙不忙其实是相对的，看你和谁比较。"

爱芬听后对云鹏说："你说得对，但这样说太缺乏同理心了。"

我们常说同理心是良好人际关系的基础，那么什么是同理心呢？

1. 同理心的概念

同理心（empathy）是识别他人情绪并做出适当回应的能力（定义来自6秒钟情商机构）。

具备同理心的人更擅长倾听他人、发现问题产生的原因或找到问题的根源。

同理心是我们与生俱来的能力。几个月大的孩子就已经表现出同理心。有的孩子看见其他孩子摔倒时，他们会哭泣；看到其他孩子手指受伤，他们会把自己的手指放进嘴里。小孩子模仿其他孩子的动作，可能是为了更好地理解他们的感受。几个月大的孩子在一起玩耍时，其中一个哭了，另一个孩子也会感到难过。他会把手搭在哭泣的小孩肩上，试图安慰对方，有的小孩会找自己的妈妈去安慰哭泣的孩子，或者把自己的玩具给哭泣的孩子，希望让对方感觉好一些。

科学家们发现，当我们试图理解他人时，我们会不自觉地模仿对方的表情，从而内心产生类似的情绪。我们仿佛能感同身受，理解对方的需求，并做出符合对方需求的回应。

当你能了解他人的情绪需求，并且满足他人的情绪需求时，他人就会更加信任你。他们会知道你关心他们，也会愿意协商妥协或积极合作，从而创造一个双方都满意的结果。

2. 如何表达同理心

根据同理心的概念，同理心需要识别他人情绪并做出适当的回应。

首先要能够识别他人的情绪。我们可以通过关注面部表情的变化和非语言行为，推测对方的想法和感受。同理心关注当下，同时需要在情绪上保持一定的距离。适当地回应意味着我们表达理解，但不能沉浸在他人的情绪之中。

其次，同理心与同情心不同。同情心是为了安慰他人，同理心是为了理解他人。同情是和别人一起感受痛苦或体验情绪。同理心是不带主观判断地接受他人的情绪和经历，从而建立联系。

曾经有一个电影《阳光小美女》，小美女的哥哥梦想成为飞行员，但有一天他们全家乘车行驶在路上，游戏中，哥哥无意中发现自己是色盲，而色盲是无法当飞行员的。他的梦想破灭，又急又气，情绪失控，让父母停车。他冲下车，坐在草地上，父母怎么叫都没用。小美女来到哥哥的身边坐下，把手搭在他的肩上，一句话也不说。两人就静静地坐着。几十分钟后，哥哥站起来说"走吧"。小美女通过表示"我在这里"，把头靠在哥哥的肩膀上给予安慰。在生活中，人们不一定非要说些什么，静静地陪伴，给对方空间就是非常好的同理心。

阻碍一个人具有同理心的因素有：一是急于改变对方的观点；二是急于改变对方的情绪。例如，在职场中，一个内在动力很强的上级，往往想替下属做决定，要求下属接受自己的观点。或者一个乐观思维很强的上级，看见员工因挫折而情绪低落时，会不自觉地鼓励对方，试图激发对方的斗志，但其实对方此刻需要的只是理解和安慰。所以更好的方式也许是观察员工的情绪，倾听并表达支持，给对方空间。当对方愿意沟通时，通过提问，帮助他们回想以往类似情况是如何应对的，从而找到资源，帮助员工转换思考和情绪。

7.1.2　如何增强同理心

在电影《心灵点滴》（*Patch Adams*）中，有这样一段情节。

男主角亚当斯因抑郁症进入精神病院，室友如迪晚上不敢去上厕所，因为害怕想象中的松鼠。

亚当斯试图讲道理："那并不要紧，它们只是松鼠。地球上最温和的动物。”

如迪说：“不，不是。”

亚当斯继续讲道理：“在攻击性食肉动物名单上，它们排在最后……”

但如迪盯着他的床说：“别动！它在你的床尾。”

亚当斯开始转变态度，把右手弯成手枪状，瞄准床尾，嘴里发出“砰”的一声，好像打了松鼠一枪。

如迪喊：“又有一只”，亚当斯举“枪”“砰”地做射击状。松鼠越来越多，亚当斯拿出机关枪扫射，把床立起来当碉堡，又假装拿出火箭筒，掩护如迪去了厕所。

这是一个隐喻，对如迪来说，松鼠和恐惧都是真实存在的，如迪的情绪需求是安全，亚当斯站在如迪的视角，看到想象中的松鼠和如迪的恐惧。他营造一个理解、包容、接纳、尊重的环境，给对方一个空间，让对方自己完成面对、接受、转化自己情绪的过程。亚当斯在这个过程中体现了充分的同理心。

丹尼尔·戈尔曼认为同理心有以下三种属性。

- 认知同理心：理解他人处境的能力。
- 情绪同理心：感受他人情绪的能力。
- 同理心关怀：明白他人需求的能力。

认知同理心要求我们考虑他人的情绪，而不是直接感受这些情绪。好奇心可以激发认知同理心。

情绪同理心能帮助人们进行高效的辅导、管理客户并洞察团队的协作动力。培养专注力和客观性，对他人更加关心，留意他们的表情，就能更好地理解他人。

负责产生同理心的神经网络源自父母对孩子的关怀。其生理基础在于杏仁核和催产素的作用。我们能够本能地感受到他人的痛苦，但我们是否会满足他们的需求则取决于我们对他们的关注程度。洛乌·所罗门在《哈佛商业评论》上发表文章，提醒我们"掌握权力后警惕同理心的丧失"，因为，随着人的地位提高，他们维护人际关系的能力可能会受损。

我们注意到一些高层管理者有时会选择不向下属展现同理心。他们可能认为：

- 同理心可能使问题变得更复杂；
- 展现同理心会消耗过多的时间；
- 没有用，因为我不会为了他人的感受而对我的决定做出让步。

这些普遍的担忧源自一个错误的假设：如果我对他 / 她的情绪需求做出回应，那么我就需要满足他 / 她的所有需求。

实际上，满足实质需求和情绪需求是两回事。

你可以给对方足够的空间，倾听他们的观点，并首先复述他们的观点："你刚才的意思是……"，对方就会回答："是的。"然后你再陈述自己的观点。即使对方反驳你，你仍然可以复述他们的观点，他们还是会说："是的。"通过这种方式的重复交流（超过三次），你们可能会找到一个能够满足双方共同利益的解决方案。

同理心的关键在于：站在他人的立场上看问题，对他人的观点不做评判，感受他人的情绪，交流情绪。在本质上，同理心是一种情感的（而不是分析性的）识别和响应。它是理解他人、建立长久的信任关系，以及确保我们能为他人着想和关心他人的基础。当带着自己狭隘的目的时，我们并未真正体现出同理心。同理心的基础是接纳、尊重、信任和关怀。要实现更强烈的同理心，我们也许只需要闭上嘴，打开耳朵，敞开心扉。

同理心就像肌肉，可以通过练习增强。那么如何练习同理心呢？

同理心的练习（源自6秒钟情商机构）：

设想一个场景，例如："我不确定这个选择是否正确……"，然后感受和思考以下的问题：

1）我当时的感觉/感受是什么？

2）这样的感觉/感受下，我的行为/表情什么样？

3）我期待的感觉/情绪需求是什么？

4）我期待周围的人们用什么样的语言或行动来满足我的这些情绪需求？

西北大学凯洛格商学院管理与组织学副教授亚当·韦兹（Adam Waytz）提出：在运用同理心时，有几个问题需要我们尽量避免。

问题一：同理心消耗心力。

同理心是一种高强度的认知活动，就像同时记忆多种信息或在嘈杂环境中保持专注，会耗费大量的认知精力，可能引发"同理心疲劳"。

问题二：同理心存在零和博弈的风险。

同理心会越用越少。比如，给伴侣展现的同理心越多，给父母的就越少；给父母的同理心越多，给孩子的就越少。

问题三：同理心可能破坏道德标准。

对他人的同理心可能让我们忽视他们的违法行为，甚至可能协助他们进行撒谎、欺骗或偷窃。

那么，如何避免过度的同理心呢？

首先，我们可以尽量精准地运用同理心，只对特定的利益相关者展现同理心。

其次，我们可以减少对牺牲的感觉。如果我们过于强调自身与他人的利益对立，就可能加剧零和博弈的情况。例如，人力资源部门在与员工谈判薪资时，过度关注数字可能导致“拉锯战”。

最后，我们应该给自己一些喘息的时间。比如，可以借鉴谷歌的 20% 自主时间，休息舱，度假时关闭邮件提醒，给自己一些独处的时间，做一些看似“无用”但能让身心放松的事情等。

我们可能不需要时刻都展现同理心，但同理心确实是我们的一项重要能力。增强同理心能为我们提供更多的选择，使我们在需要运用同理心时，能够更加熟练地运用。

在你与他人（如员工、客户、上司或任何人）交往的时候，试着问问自己：此刻，是什么情绪在驱动着他们？

当你对他人的情绪表现出更多的好奇心时，这将帮助你更加具有同理心。最终，你将能以更有力的方式与他人建立连接。

7.2　适度回应

7.2.1　为什么她总是遭遇朋友的背叛

小凤刚踏入职场，工作看似简单美好，每天都充满喜悦。她待人热情，尤其慷慨地对待新认识的朋友，把他们视为最美好的人。

这么可爱的小凤，理应受到大家的喜爱，然而她却经历了一次又一次朋友的背叛。从小学到大学，她总会结交一个好朋友，好到形影不离。但不久后，朋友就背叛了她，两人从此断绝联系。每次这样的事发生，小凤都会回家哭上好几天。

尽管刚入职场，小凤总能遇到志同道合的朋友，但之前的经历依然重复上演。她和新朋友如胶似漆，相约要成为一生的朋友，每个月都要举办闺密聚会。然而，这段友谊也是短暂的，最后连朋友圈点赞都没有，有的甚至拉黑。

为什么小凤会陷入这样的模式呢？让我们观察她和朋友的相处方式。

小凤乐于主动与他人建立联系，一次又一次地表达对对方的喜爱。最近，她又结交了一位新朋友。在一起时，她对新朋友特别好，节日时发信息，生日时送祝福。这位新朋友起初在惊讶中接受了这份友谊。但她渐渐发现，和小凤在一起时感觉很累。小凤对朋友有很多期待，希望她们能记住每个重要的纪念日并加以庆祝。

新朋友在这段友谊中开始感觉到心累，不想回应小凤的这些需求。她开始慢慢地疏远小凤，直到完全从小凤的生活中消失。

实际上，小凤就像一个未曾长大的小女孩，她渴望他人的赞美和认可，同时在友谊中期待得到满足。尽管她付出了很多，如关心朋友，但她的付出背后隐藏着强烈的期待，这个期待远超出朋友所能给予的。因此，在友谊中，虽然起初对方会被她的热情吸引，但最终会因为她过高的期待而退却。小凤希望得到他人的回应、赞美、认可和礼物，结果就是在关系中，要么是别人主动撤退，不再和她说话甚至拉黑，要么就是她发现对方无法满足自己的期待，她也不打算继续交往。

最近，小凤的男朋友告诉她，和她在一起感到疲惫。这让小凤痛苦不已，开始反思自己的行为模式。

如何打破这一模式呢？首先，小凤需要意识到这一模式，看见成年的自己背后是一套小女孩模式的友谊，并受制于这个模式。她付出，内心期望回报；若未得到回报，她就会无意识地表达失望。但是，当别人不能总是迁就她时，他们选择离开，小凤却将这视为背叛。实际上，正是她的模式导致了这种“背叛”。

其次，小凤要看见小女孩的需求，打破并疗愈这个模式。她可以运用本书第 1 章所述的自我关怀方法，关注并满足自己的需求。

最后，小凤应学会以成熟的方式与他人交往，尊重他人的界限，并用他人能接受的方式表达喜欢和欣赏。在友谊中，虽然可以有期待，但也要接受对方可能无法满足这些期待，这些都是正常的。

很多时候，我们把对方没有满足我们的期待看作对方对我们的排斥和否定，小孩子才会有这样的解读，成年人不会过度解读，而是以平常心看待。

正如卡尔·罗杰斯（Carl Rogers）所言："人际关系的真正价值不在于将自己的需求强加给别人，而在于理解、尊重和接纳别人的需求。"我们应避免将他人无法满足我们的期待视为对我们的排斥和否定。作为成年人，我们要学会以平常心看待这些情况，不过度解读。小凤也需要学会如何平衡自己的期望与朋友的需求，这样她才能获得真正的友谊。

7.2.2　把对方当成谁，决定了沟通方式

在一次培训中，我让学员想象一下，当有人找到他们时，他们的第一句话会说什么。一位学员立刻站起来，食指向前指着想象中的人说："你想干什么？"他的反应显然是出于自然的真实反应，警惕而拒人千里之外。出于好奇，我问："那个人是谁？"他回答："其他部门的人。"我又问："你为什么会有这样的反应？"他解释道："那个人总是在出了问题后才来找我，这次肯定也不会有什么好事。"

他从事研发工作，对方可能是他的下游部门或测试部门的成员。当产品出现问题时，他们会找他沟通，反馈情况并请他采取应对措施。当然，尽管之前他们很少带来好消息（他的"总是"有些过于绝对化），但这并不意味着这一次也不会有好消息。然而，如果他带着这样的心态与对方交流，甚至在沟通开始前，双方的关系就已经变得紧张。对方会感受到他的警惕甚至敌意，可想而知沟通效果也不见得会好。

我们的过往经验已经储存在潜意识中。与一个人交谈时，我们会瞬间做出判断。我们对对方的定位以及自己在这段关系中的角色将影响我

们的开放程度、信任程度和对话方式。我们对对方有判断，对方也会对我们有判断。当双方在角色定位上存在偏差时，可能会导致误解甚至冲突。

因此，在与他人交谈前，我们可以尝试调整自己的状态，多一些分析和思考，以下方法可供参考。

（1）**了解对方。**在与他人沟通前，我们需要明确对方是谁：客户、领导、同事、下属还是朋友？尽量了解对方的身份、性格，并考虑沟通场景和目的，以便调整自己的沟通方式。

（2）**放下预设。**通常，我们对一个人会有一定的刻板印象，比如认为他是否容易相处、沟通风格是直接还是委婉。在与他人沟通时，我们需要放下预设的判断，保持开放的心态，尊重对方的观点，不做过度解读。

（3）**设定积极的期待。**在与他人沟通前，为双方的谈话结果设定一个积极的期待，以保持积极的心态。

（4）**保持好奇和双赢思维。**在沟通中，保持好奇心，了解对方的看法和意图。如斯蒂芬·柯维所说："寻求理解，然后被理解。"在沟通过程中，我们应学会管理自己的情绪，避免让情绪影响沟通效果；根据对方的性格、关系和场景，灵活运用不同的沟通方式，如直接、委婉、幽默等，以提高沟通效果；努力寻求双赢或多赢的解决方案，以取得更好的沟通效果。

（5）**反思和改进。**在沟通后，我们要对自己的沟通方式进行反思，找出可以改进的地方，不断提高自己的沟通技巧。

乔治·伯纳德·肖（George Bernard Shaw）曾说："沟通的最大障碍是我们倾听时的意图是回应，而不是理解。"

美国著名心理学家丹尼尔·卡尼曼提出，我们大脑中有两个系统：系统 1 和系统 2。系统 1 是基于过去经验的自动反应，快速且节省认知资源，但缺乏灵活性和适应性；系统 2 则能根据当前情境进行分析和思考，虽然耗费脑力，但更可能做出适当反应。为了促进沟通效果，我们值得为此耗费一些脑力，因为你获得的收益更大。

7.3　换位思考

7.3.1　别人眼中的一小步，也许是内心跋涉的一座山

我看到一句话，很有感触：“战胜恐惧不是要纵身一跳，而是一点点为自己搭桥去到彼岸。”任何改变都不是轻而易举的，有时候别人眼中的细微进步实际上是我们内心经历的漫长跋涉的成果。不要让“无法战胜恐惧”的想法成为最大的障碍。有时候，教练的作用就是在关键时刻让你看见那座通往成功的“桥”。

有时候，站在自己熟悉的立场上，我们无法理解他人的处境。每个人都有这样的时刻，因此很难产生同理心。当我学车时，对老司机来说，这似乎是一件简单的事情，但为什么对我来说却如此困难？例如，当我先生坐在副驾驶座位上时，他总是表达出对我开车技术的不满，指责我压到线、没有注意到公交道、没看后视镜等。也许只有家人会如此直接，但对一个初学者来说，这无疑是很大的打击。他看到的是我开车技巧欠佳，却没有看到我为了这个微小的进步，内心却是跋山涉水，跨越了多少恐惧，才颤抖着坐上驾驶座。

小凤看起来患有严重的社交恐惧症，我和她一起参加培训时，她从不发言，也很少与大家交流。有一次在一个沙龙上，她突然和我打招呼，并聊了很久。那段时间，我父母正好来北京看病，她还私信表达关心，问我是否需要帮忙。当我们再次见面，我向她表示感谢的同时，对她的转变感到惊讶。她说：“看似一个普通的问候，我花了半个多小时的心理建设才敢发出去。但当我突破了这个障碍后，发现它正符合你曾经说的那句话——‘别人眼中的一小步，却是我内心跋涉的一座山’。然后跨

过去后，回头看其实只是一个小水沟。”

我学习了一位大师级教练的督导课程。当督导结束后，我们站在旁观者的角度，看到的都是别人做得不好的地方，觉得督导太过温和，没有挑战，看完后觉得不过瘾。但当问到被督导的教练时，她说这次督导给了她极大的信心，让她更有勇气，内心减少了很多自我评判，客户反馈她的教练水平提升了一个新层次。

如果看不到别人的努力，就很难展现同理心，反而会做出评判和指责。可能事情还在进行，但对方隐藏的委屈、愤怒和失望在暗流涌动，总有一天会爆发，成为破坏关系的洪水猛兽。

也许最高境界的修行，就是拥有真正柔软的同理心。虽然这很难，但当我们有一天感受到那个柔软且富有同理心的自己时，那便是慈悲。我们就会把别人装进自己的心里。

7.3.2 做一个人人能看懂的东西

1. 萧叶的挫折

多年前，萧叶在企业培训中心被委派制作一套课件，其主旨是教授领导干部如何引领行动学习。上级领导交代萧叶，她需要制作一份“智力障碍者都能看得懂”的课件。

“什么是‘智力障碍者都能看得懂’的课件？”萧叶向她的同事老潘寻求解答。老潘回答道:“领导只是随口一说，你随便应付一下就行了。”老潘是萧叶敬重的同事，听从了他的建议，萧叶随意制作了一个版本提交给领导。领导看过后评论:“这个课件智力障碍者看不懂。”萧叶坚称:“这个智力障碍者能看懂，何况经理们也不是智力障碍者。”领导反驳道:“经理们并没有足够的时间去深究你的 PPT，如果一分钟内他们还无法理解，那肯定会失去兴趣。你重新做一个吧！”

萧叶感到极其沮丧，恰好那时有个培训，她便去处理其他事情。当她回来后，得知领导在她背后指责她工作态度不认真，这样不可能有所成长。萧叶感到非常愤怒，想要放弃，她在房间里走来走去，大喊道："太过分了，他怎么能这么说！"

在疾言厉色地发泄完后，她的情绪慢慢平静，开始恢复理智。她再次审视自己制作的 PPT，发现确实有些晦涩，对于没有相关基础的人来说确实难以理解。于是，她下定决心要制作出一份极其易懂的课件，证明领导的批评是错误的。最后，新版 PPT 完成后交给领导，领导点头赞同："嗯，这份 PPT 智力障碍者能看懂。"

2. 先处理心情，再处理事情

情绪是动力，只有在适当的情绪状态下，我们才能够充分地思考，从而实现良好的工作表现。

萧叶的情绪经历了一次转变，如图 7-1 所示。

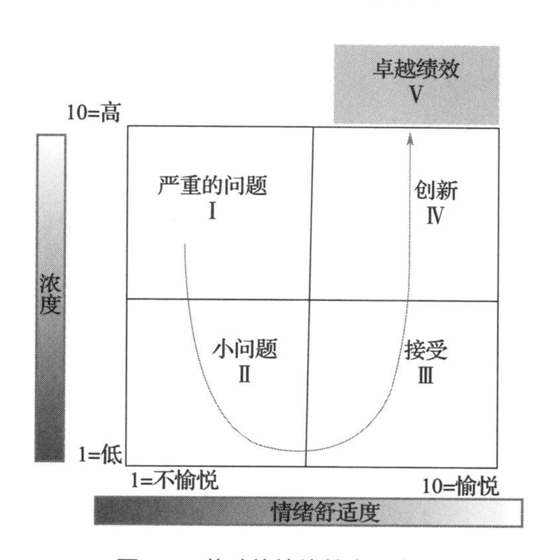

图 7-1　萧叶的情绪转变示意图

注：图片来自 6 秒钟情商机构。

一开始，萧叶感到十分愤怒，情绪强度达到了 8 分。处于这样的情绪中，她的应对策略是进攻，如果领导此时在场，他们肯定会发生冲突。她的大脑此刻完全无法集中在如何更好地完成工作上（在图 7-1 中属于“严重的问题”区域）。

随着她情绪的发泄和缓解，愤怒的强度逐渐减弱，萧叶开始能够站在他人的角度考虑问题（在图 7-1 中属于“小问题”区域）。

当萧叶能够超越个人情绪，从客观的角度看待问题时，她认识到自己的不足，并接受了领导在这件事上的评价。尽管领导的言辞带有情绪色彩，甚至有些过分，但他对这个问题的判断却是准确的（在图 7-1 中属于“接受”区域）。

当萧叶再次投入时间修改 PPT，并征求他人的意见，最终完成了一份令自己满意的 PPT 时，她的情绪变为期待，期待得到领导的肯定。满足和期待都是让人感到愉快的情绪（在图 7-1 中属于“创新”区域）。

通过这个过程，我们可以观察到，在不同的情绪状态下，萧叶的思考和行动方式有所变化。如果想在工作中获得良好的绩效，关键在于如何调整自身的情绪，将其引导到恰当的状态，从而更有效地思考和解决问题。

3. 换位思考，理解他人需求

在萧叶重新回归冷静状态后，她提出了一系列问题，进行了一次自我教练的过程。

Q1 为什么领导对这件事这么重视？如果这件事很好地完成，对公司、部门、领导和我自己将能带来什么好处？

答：这是因为全员理解公司的战略能够推动变革的成功。我们的部门在此类工作中始终扮演着关键角色，公司对我们的信任让我们有责任做好。这也是提升我们部门在公司影响力的机会。领导将这项工作交给我，因为他信任我的行动学习能力，我有责任展现出我的专业水平。

Q2　希望经理们在使用 PPT 后能达到什么效果?

答：即使是按照 PPT 的步骤和时间安排机械地进行，也能完成一次指导过程。结束后，他们应有成就感，能听到学员的积极反馈，感到引导过程简单，自己也很厉害。

Q3　如果这个 PPT 简单到“智力障碍者都能看得懂”，那么它应该是怎样的?

答：目标和结果应该非常明确，过程应简洁易懂，让经理们一眼就能理解。他们不会因为不明白某句话的含义而再次询问，也不会产生畏难情绪。这个 PPT 应该用他们能理解的语言来描述。

Q4　我应该如何制作这样的 PPT ?

答：我需要尽可能地简化内容，完成 PPT 后找几位经理进行预览，收集反馈后再进行修改。

Q5　除了 PPT，我还需要做什么?

答：我需要安排一次线上的培训和答疑会。

Q6　下一步的小动作是什么?

答：修改 PPT。

Q7　我从这个事件中学到了什么?

答：在职业生涯中，我们经常面临各种各样的挑战和冲突。面对这些情况，我们要铭记每一件事都在塑造我们的职业形象。即使在他人认为可以随便应付的情况下，我们也应该坚持自己的水准，全心全意地做好每一件事情，全面考虑客户（包括领导、经理、学员）的需求。遇到冲突时，我们应该迅速调整态度，用理性和换位思考的方式，分析双方的需求，以实现共赢。

在职场上，全心投入和换位思考是实现双赢的关键。我们应该尽力做好每一件事，这样我们才能在职场中脱颖而出。

1. 理解同理心：同理心是识别他人情绪并做出恰当回应的能力。同理心的要素包括站在他人的视角看问题，不评判对方的观点，感受到他人的情绪，并有效沟通情感。它是理解他人、建立持久信任关系以及确保自己能关心他人和为他人考虑的基础。

自我教练提问：

1）我的经历中，曾经何时被他人深度认同，我的感受如何？

2）当我遇到挫折时，我期待别人说什么或者做什么来表达他们的关心？

3）慈悲的内心，会对陷入迷茫焦虑的自己说什么呢？

2. 适度回应：沟通前，先问自己把对方当成谁，用开放的心态看待对方的言行。我们需要根据当下的情境，进行分析和思考，以做出匹配当下情境的适当反应。

自我教练提问：

1）假如我站在中立的角度看待这件事情，我会注意到什么？

2）我们的共同利益是什么？

3）如果我完全接受了对面这个人，我会有什么不同的反应？

3. 换位思考：换位思考就是想象穿上对方的鞋子。高情商在人际交往上的表现，就是具备真正柔软的同理心，看到他人的期待和努力。

自我教练提问：

1）如果我是对方，我怎么看？

2）如果我穿上了对方的鞋子，那是什么感受？

3）设想这个人在当下已经尽力了，然后思考“如果我和他一样，以现在的能力，我也无法做到更好”。现在，我对对方是什么感受？

第 8 章

连接：他人因你而不同

永远不要怀疑，一小群有思想、肯付出的人能改变世界。事实上，世界正是这样被改变的！

——人类学家　玛格丽特·米德（Margaret Mead）

8.1　连接彼此

8.1.1　归属感是我们的核心需求

客户小罗分享道，她曾是一个独行侠，享受孤独，与人保持一定的距离，归属感对她而言是个陌生词。她可以轻松地加入一个团队，也可以毫不费力地离开。然而，近几年在一个社群里待久了后，她开始享受与他人在一起的感觉。尽管如此，她发现自己仍然有些另类，大量的沟通和与他人协调的工作消耗了她的很多能量。她困惑地问："为了满足归属感，我要如何改变自己去适应他人？"

许多人觉得自己与他人不同，与人合作似乎必须努力调整。其实，人与人之间的连接是我们大脑的初始设定，换句话说，我们天生具有归属需求。

1. 归属需求

1995 年，社会心理学家罗伊·鲍迈斯特（Roy Baumeister）和马克·利里（Mark Leary）提出归属假说，认为归属是人类的核心动机之一。他们引用了至少 300 份资料，表明归属感影响着人们的思想和情感。缺乏归属感会带来不良影响，而拥有归属感会带来健康和满足。

进化论能提供部分解释，因为单个人类在原始社会无法生存，唯有抱团取暖，并彼此分工协作才能生存，因而归属基因得以传承。

为了处理复杂的人际关系，人的大脑必须具备强大的运算能力。因此，与其他动物相比，人类的大脑相对于身体来说更大。由于人类的脑袋太大，为了顺利分娩，婴儿不能等到大脑完全发育再出生。结果，出生时大脑还是“半成品”的婴儿无法独立生存，必须依靠养育者。众所周知，马斯洛提出人的需求金字塔中，第三层是归属需求。然而，对婴儿来说，社会需求实际上是最基本的需求。

1997 年，华盛顿大学的戈登·舒尔曼（Gordon Shulman）发现，当大脑处于“空闲”状态时，有些脑区反而活跃起来。这些活跃区域被称为“默认模式网络”（Default Mode Network），它们主要负责处理与他人、自己以及彼此之间关系相关的问题（称为社会认知）。

《社交天性：人类社交的三大驱动力》一书的作者马修·利伯曼（Matthew Lieberman）通过整合各种脑神经学研究，证实了我们的大脑是为社交而生的。因此人在面临社会排斥时会感到痛苦，这种痛苦并非比喻，而是与身体疼痛相似的感觉，因为心理痛苦和身体痛苦时活跃的是同一块脑区。

不公平也被认为是一种社会排斥方式。研究显示，生活在热带雨林地区的卷尾猴也像人类一样反感不公平的“交易”。2003 年，埃默里大学的萨拉·布鲁斯南（Sarah Brosnan）等人发现，如果训练一些卷尾猴用某种物品交换一根黄瓜，同时训练其他卷尾猴交换葡萄，那么前者在看到葡萄后就会拒绝接受黄瓜。猴子是人的近亲，人在面临不公平时的感受也类似。

2. 如何促进归属感

在一个群体中，人们通常通过三种方式定义“我们是一伙的”，包括：代码、着装和身体接触。

代码包括一些共同语言，如地域方言、行话、黑话或土话，以便与他人区分；着装不仅包括衣帽鞋子，还包括饰品，如戒指、领带等；身体接触则代表亲密，球队、帮派、军队或其他组织往往有一整套仪式化的动作。

现在，很少有事情可以靠个人英雄主义就能成功。我们必须依靠团队或组织，让人们有归属感。为了促进有效率的合作，我们可以在工作和生活中做一些设置，满足人们的归属需求。

例如：

- 营造开放包容的文化，组织有歌曲、统一服装或徽章，使用共同的语言（通过内部培训提供）；
- 提供人们可以聚集交流的场合，如谷歌精心设计的 4 分钟排队就餐（增加人们的社交机会）；
- 促进人们之间的欣赏和感激（它们会激活大脑的奖赏系统）；
- 给人们机会参加志愿服务和慈善捐赠（带来满足感和幸福感）；
- 领导者对下属有更多的体谅和支持（激发员工的积极性）；
- 让员工有机会帮助他人（让员工感受归属感，更投入工作）。

社会能力也需要培养。让孩子多参与集体活动，为青少年提供社交能力教育，可以提高他们的社会适应性。

我们应该在与他人相处的同时保持自己的独立性。带着觉察生活，了解社交天性可以帮助我们更好地适应社会；同时，避免盲目从众或不经意间将自我变成他人思想的跑马场。

3. 真正的归属感

在布琳·布朗的《归属感》一书中，她提到我们经常为了“我和别人不一样”而感到困扰。为了融入某些团体，吸收他人的意见并满足他人的期望，我们可能付出巨大的代价——无论健康、婚姻还是内心的平静。

《归属感》的英文名为 *Braving The Wilderness*，根据书中的意义，应该译为“勇闯旷野之境”。旷野之境广袤、充满危险，意味着我们必须经历艰辛的磨难才能进入理想中的世外桃源。

布琳定义的“真正的归属感”指的是精神层面的高度自信和坚守本心，让你可以向外界展示最真实的自己——无论作为集体的一分子还是独自闯荡旷野之境。真正的归属感并不要求你改变自己，而是要你做最真实的自己。

回到小罗的困惑，她需要明白，在一个团体中，她必须调整自己的行为。与其使用“适应”这个词，不如使用“同步”更为合适，从行动和节奏的同步到“心灵同步”。在共同的使命和价值观基础上，与他人同步会带来良好的感觉，让人不再感到孤独。那么，小罗应该如何调整自己呢？

（1）相信自己，开放包容。很多人像刺猬一样，离群索居，与人保持距离，其实是因为内心缺乏安全感，担心自己会受到伤害（也可能受过伤害）。罗斯福夫人说过：“这个世上没有人能伤害你，除非你同意。”不信任他人，恰恰是不相信自己。

爱因斯坦在 1950 年写过一封信，回复因失去女儿而痛苦的拉比。他写道：“人类是整体的一部分，我们将这个整体称为‘宇宙’，人类被局限在一定的时间和空间里。……我们的任务是，扩大悲悯的范围，将自我从牢笼中解放出来，拥抱所有的生灵以及自然界中的一切美好。没有人能完全实现这个目标，但为了实现这个目标的努力，本身就是一部分解放，就是内在安全感的基础。”

当我们变得开放，允许他人进入我们的内心世界，虽然要承担一定的风险，但同时也能将自己从心灵的牢笼中解脱出来。安全感源于对这个世界和自己的信心。这个世界充满阳光与阴影，我们可以选择自己所处的环境。尽管没有人能保证这个世界永远友善，但相信世界的友善会为我们带来更多的可能性。

有些人天生就很自信，另一些人则需要通过锻炼培养自信心。自信来源于“多做多做到，多因做到而得到肯定”（李中莹，《重塑心灵》）。通过不断尝试、犯错、总结和成功，以及获得肯定（尤其是自我肯定），我们会变得更加自信。

我们还需要与不同的人接触。有些人的信念可能与你不符，但当你怀着慈悲和爱，看到人类的共同价值观和痛苦时，你会拥有更多的同理心，从而更具包容力。

（2）尊重他人，保持界限。尊重他人的界限意味着在未经允许的情况下，不刺探他人的隐私，守护秘密，明白哪些信息（包括自己和他人的）可以分享，哪些不能分享。我们不会过分热心地去“帮助”别人，也不会对他人的行为指手画脚。这样，我们便能做到真诚坦率和明辨是非。

（3）正直真实，有礼有节。德鲁克曾说：“正直是领导力的试金石。”我认为正直也是每个人对自己的基本要求。在正直的基础上，我们还需要做到真实。

真实包括：

1）表达自己的真实想法。我们不需要为了“他人怎么看我”而做作。

凡事追求“三赢”，即“我好、你好、世界好”，我们需要了解自己是谁，想要什么，让身心合一，不再纠结。

2）以友善的态度拒绝，当需要拒绝时。在这里，可以参考脱不花的《沟通的方法》，运用“是的，如果”的方法提供替代方案。这样，在拒绝他人时，可以保持友善和尊重。

3）承诺兑现。言行一致，不为取悦他人或证明自己而过度承诺。确保言出必行、言出必准。

4）承担责任。每个人需为自己的人生负责，不试图将责任推卸给他人。犯错时要诚恳道歉，不指责他人，也不让羞耻感占据内心。

5）保持核心稳定。我们可以借用健身术语“核心稳定”来形容自己的定力。外界难免有许多干扰，我们需要始终保持核心稳定，不受他人逻辑的左右，活出真实的自己。

人类的社交天性使我们渴望归属感，在群体中寻求支持，并在合作中取得更大的成就。每个人都需要敞开心扉，允许他人的影响，同时要避免盲目从众，或在无意识中让自我成为他人思想的附庸。

归属感源于内心深处。当我们真正地拥有自己、相信自己时，便拥有了真正的归属感。“宁愿独行，也要忠于自我”的信念犹如勇闯旷野之境，它需要勇气，也恰恰是真正归属感的源泉。

8.1.2　善用环境让自己改变

1. 文化和环境的重要性

联想曾经有一句广为流传的话：“有流程按流程办；流程不合理，提出修改建议，没修改之前还是按流程办；没有流程按文化办。”很多公司特别重视企业文化，就是为了塑造认同公司核心价值观的员工，让他们能够根据企业文化指引自己的行为。不仅公司有文化，团队也有自己的文化，家庭也可以有文化。从更宏观的角度看，国家民族也有自己的文化特性。文化及其所在的环境会影响我们。环境会塑造人，我们的行为是个性和环境互动的结果。

实际上，每个人也构成他人的环境。例如，家庭中的母亲会影响整个家庭的氛围。一个易怒的母亲会让孩子战战兢兢，胆小羞怯。团队的管理者也会影响整个团队的氛围。一个严厉的、关注细节、经常挑剔下属错误、毫不留情批评的管理者，会让下属团队做事瞻前顾后、谨小慎微。

2. 看到个人和他们背后的环境

哲学家韩炳哲将现代社会称为功绩社会，这是一种以成就、竞争和高绩效为核心价值观的社会。在功绩社会中，人们被鼓励积极主动、努力拼搏、突破障碍以实现个人和组织的目标。功绩社会的一种象征性表达："是的，我们可以办到！"有些公司的文化强调积极主动，努力拼搏，破除障碍，取得高绩效，显然符合功绩文化。

然而，功绩文化也可能让不适应的人感到抑郁，而那些渴望平淡生活和"躺平"的人可能会受到歧视。在一个更加开放的社会中，我们应该允许多种价值观的存在，并接纳每个人有不同的选择。

在教练式对话中，我们强调客户是其生命经验的专家，要尊重客户的意愿，并与他们合作找到个体的目标和资源，实现个体的改变。然而，我们也需要意识到客户所处的环境可能对他们造成制约。通过更深入地了解他们的环境，我们可以更好地理解他们的行为和想法，从而培养同理心。

每个人的信念和价值观都会受到环境的影响，因此存在局限性和冲突。我们需要增强自我觉察能力，认识到自己的局限性、偏见和内心冲突，避免盲目追求社会所认可的成功标准，以免在功绩社会中失去自我。我们还需要具备环境敏感性，看到他人的成长环境如何影响到他们。这样，我们既不会自恋，也不会试图强迫或教育他人按照所谓的“主流”生活，尊重多样性，接纳不同的价值观和生活方式，可以在尊重彼此的差异和选择的基础上，共同成长。

8.1.3　一个人走得快，一群人走得远

在《教练式沟通：简单、高效、可复制的赋能方法》一书中，我们写到了云鹏与爱芬的故事。时至今日，两年过去了，我们依然作为搭档紧密合作。除了我们俩，还有很多朋友也在一起成长，或共读图书，或共同创作，或共事，他们都是我们生命中不可或缺的支持力量。

我们与另外四位伙伴组成了一个写作群，共同进行日常写作。意莎擅长创作充满美感且深度的优美文章，富有生活情趣；刘培在视觉笔记领域运用自如；曹老师虽已耳顺之年，却每天精力充沛，工作量让年轻人自愧弗如；东升则从销售跨界到情商、教练和播音。爱芬还有创业伙伴，共同开拓事业，携手奋进。云鹏在焦点解决燃料队也有许多朋友，一起学习、读书、讲课。正所谓一个人走得快，一群人走得远。在人生旅途中，你需要与伙伴同行。

那么，如何寻找你的伙伴呢？

1. 要有寻找伙伴的意愿

在成长的 721 法则中，20% 的学习来自发展性关系。一个人越了解自己，越明白自己的优势和不足，就会有意识地寻求合作。这个世界已经不再是孤胆英雄的舞台，人们需要团队，才能成就更大的事业。

2. 成长、开放、包容、感恩和好奇的心态

当伙伴的表现与你不同时，首先要保持好奇心，思考为什么在同样的事情上，你们的看法和选择如此不同。带着成长的心态从对方身上学习，

你将更快地成长。在伙伴间，要开放、坦诚地沟通，分享好奇心和观点，同时包容差异，并付出努力去调和，这正是对自己的修炼。

3. 磨合、合作、相互支持

伙伴间最初的磨合往往较为照顾面子，有意见也不直接表达。然而，随着合作的深入，过于含蓄的表达可能会成为阻碍。在这种情况下，直接沟通变得尤为重要。正如美国作家马克·吐温曾说："真正的友谊，是在彼此的陪伴中成长。" 在合作过程中，冲突不可避免，但我们要勇于面对冲突，开放透明地表达，也要放下对安全感的需求，勇于展现自己的脆弱，毕竟个人的力量是有限的。

伙伴会让你觉得自己并非孤身一人在奋斗。伙伴间建立在深度亲和与信任基础上的情感是彼此间强大的支持。伙伴能理解你，在受挫时给你安慰，也能支持和陪伴你顺利度过人生路上的难关。因此，在合作中，我们应该注重以下几点。

- 保持诚实和开放：在合作中，坦诚地表达自己的想法和需求，以便彼此了解并找到最佳的解决方案。
- 学会倾听和理解：在面对不同意见时，要学会倾听对方的观点，尽可能地理解他们的立场和需求。
- 尊重和包容：尊重他人的观点和选择，同时包容彼此间的差异，共同寻找合作的平衡点。
- 共同成长：从伙伴身上学习，分享自己的经验，相互激励，共同成长。

通过这些要点，我们可以更好地与伙伴合作，共同面对人生的挑战，创造更美好的未来。

8.2　激励他人

8.2.1　人与人之间如何互相激励

自从出版了《教练式沟通：简单、高效、可复制的赋能方法》一书，我们收到了许多积极的书评以及亲朋好友的反馈。有的伙伴表示通过阅读此书改善了自己与他人的沟通方式，有的伙伴对教练有了更深入的了解，还有一个伙伴在喜马拉雅直播间每天晚上领读《教练式沟通：简单、高效、可复制的赋能方法》，激励身边的人将所学知识真正落地实践。

这些反馈也激励了我们。尽管我们对自己的使命和愿景非常清晰，但仍然需要获得他人的积极反馈，就像前往使命路上的一个里程碑，告诉我们已经取得了一些进展，增强了我们内心的信念。

1. 不要吝啬你的积极反馈

云鹏还在原来的公司时，有一次在食堂吃午餐，一位年轻的女士坐在她的对面。那位女士说："程老师，我是你的学员，我买了你的书。看了一些，但是没记住，后来我在喜马拉雅上听有声书，感觉还挺不一样。我以前听过你讲的情商领导力，让我发现了我从来没想过的问题，后来我就去用，还帮别人分析，包括和我婆婆聊天也用，她现在特别喜欢和我说话。上次参加你的目标工作坊，我定了一个目标：给小孩断奶，后来就实现了，没有想象的那么难，有一些反复，但也成功了。我现在喜欢学习，平时情绪也挺平静的，我怀孕期间也没有那么多担心。我感觉上了你的课，我的人生发生了巨大的转变……"

云鹏为她开心，也很感动，学员能把知识学以致用，支持自己和家人，这是做教育的人最开心的事情。那一刻，云鹏心怀感激，为自己的努力，为她的改变，为做的事情带来的效果和价值。这位学员应用所学，也会收到他人的反馈，这些反馈同样能激励她继续学习和改变。

2. 云鹏和爱芬：相互激励的搭档

云鹏和爱芬是一对默契的搭档。云鹏重视确定性，在事情充分考虑之后才愿意采取行动；爱芬则富有梦想，敢于迈出第一步。学习教练、出书以及创业，都是爱芬先行，影响到云鹏。

我们在很多方面互相激励，如写作、运动和读书。爱芬从 2012 年开始在公众号上写作，云鹏则从 2015 年起投入创作。如今，写作已成为我们每天的习惯，并一起出书。我们都热爱跑步，曾在北京寒冷的冬天，气温低至零下的午间，在公司园区内跑圈。每当我们一起出差，总会抽空跑步锻炼。在读书方面，我们既有各自的偏好，也有一些共同兴趣。现在我们经常相互借阅对方的图书，并共同撰写读书笔记。

我们在一起做很多事情，只要其中一个人提议，另一个人便会立即响应，原本可能的犹豫也变得坚定。我们不仅不断分享彼此的经验，还鼓舞了其他人。这样的搭档关系，让我们在生活和工作中取得了更多的成就。

3. 每个人都有激励他人的力量

每个人都有激励他人的力量，我们都可能在某些机缘下激励到他人。

云鹏曾与焦点解决燃料队研修团分享写作经验，当天就有伙伴在朋友圈呼唤小编，准备出书。另一位伙伴原本只偶尔记录生活点滴，现在提高了写作频率，并有意出本书。

云鹏在做公益教练时，遇见一位来自南方农村的女孩。她小时候口吃，渴望能正常交流。一本《人性的弱点》改变了她，她决心自我改进，最终克服口吃。凭借公益基金赞助，她上了大学并考研，之后开始激励他人。她曾鼓舞一位同样来自农村的孩子克服不自信，去申请理想的工作职位，这个孩子在面谈中侃侃而谈，最终获得了这份工作。

回顾成长经历，许多人都有那么几位关键时刻激励自己的人。这些人在我们低谷、犹豫甚至至暗时刻，因信任与关爱，鼓励支持我们，助我们成功。

追求目标时，难免会遭遇挫折，信心动摇。激励让我们相信自己的事业有意义，保持动力。收到积极反馈并不会让我们自大，反而更加谦虚、谨慎、努力。

同样地，你也可以成为他人生命中的激励力量。有时，你的激励会随风而逝；而有时，你的激励会在他人心中种下希望的种子，在适当的时机生根发芽；还有些时候，你的激励恰好能陪伴他人度过人生低谷。你永远不知道自己能激励到谁，能在谁的生命中发挥关键作用。你能做的就是不断地前行，不断地激励他人。授人玫瑰，手有余香。激励他人的同时，也在激励自己。

8.2.2　教练式导师，激发他人潜能

无论你身处学校还是作为内外部专家为客户提供教练，他们往往默认你具有丰富的知识和经验，并希望你能提供建议。

给出建议时，对方可能有以下三种反应：

- 这些建议真好，但由于各种原因（时间不够、经验不足、尝试过类似做法但无效等），自己做不到；
- 建议似乎不太有效，未达到预期效果；
- 建议真的很管用。以后遇到问题，直接来请教你，并期待你的进一步指导。

因此，在给出建议时需要慎重。

当你身处不同的位置，承担不同的角色时，人们对你的期待也会有

所不同。如果对方需要知识、资源和能力，那么你可以提供一些信息、想法、实用工具以及培训，此时你就像一位导师在指导他们。

然而，当对方明知该做什么、有能力去做，却仍然说自己不想做、做不到或不敢做时，仅仅依靠指导是无法解决问题的。在这种情况下，你需要以激励的方式帮助他们找回信心，鼓舞他们勇敢地迈出那关键的一步。

你需要倾听对方想要的是什么，做这件事对他的意义是什么，并将未来变成栩栩如生的画面，要从他过去的经历中挖掘他忘记的能力、资源和优势，看到他的有效做法，赞美他的努力和力量。你相信客户，和客户合作建构出解决之道，那么你就是教练。

身为导师的确非常诱人，因为人们渴望展示自己的能力和权威，赢得他人的尊敬。当然，你也确信自己的经验足以帮助他人。但当你给出建议时，可能会削弱对方的思考能力，替他们承担责任，限制他们的想法和可能性。在这种情况下，我们需要做出选择，放下自己的“成就”需求，相信对方有能力找到自己的解决办法。

促使我们做出这种选择的是教练原则——相信每个人都是自己生命的专家。作为教练，我们不需要告诉他们如何过好自己的生活。我们需要做的就是尊重、合作并陪伴他们，然后在其身后做进一步的引导。

实际上，即使不给出建议，我们仍然可以帮助他们。十几年前，云鹏刚开始担任培训师，负责为一个部门设计行动学习方案。云鹏已经制作了一个引导用的 PPT，但心里依然没有底，于是去请教杜老师。

杜老师曾是企业培训中心的兼职讲师，他的课程广受好评。他曾担任分公司总经理，还在某高校任教。他经验丰富，是前辈，一直是大家学习的榜样。

云鹏向杜老师介绍了行动学习的背景，展示了 PPT，并阐述了自己的设想，然后问他：“杜老师，这一步我这样设计可以吗？”他回答说：“哦，你打算怎么设计呢？你这样设计是想达到什么目的？”当时云鹏有些愣住，心想：我不是在问您吗？为什么您又反过来问我呢？但在他期待的目光下，只好自己回答这个问题。

接着云鹏又问：“杜老师，这句话我这样提问可以吗？”他说：“是啊，这样提问你觉得学员会如何回答呢？”云鹏只好继续回答。

云鹏又问：“您觉得我这样设计部门领导会满意吗？”

杜老师回答：“部门领导期望达到怎样的效果呢？试想一下，如果你完成了这样一个行动学习项目，学员们将会有怎样的收获？”

……

20分钟的对话，就像是云鹏在自问自答。

云鹏发现无论向杜老师提出什么问题，他都会以另一种方式将问题反问给云鹏。

一开始，云鹏的回答略显勉强，但随着问题的深入，云鹏的思路逐渐清晰起来，一边回答，一边修改方案，对自己的设计也更有信心了。

本来希望杜老师能告知方案应该如何设计，结果最后这个方案还是云鹏自己设计的。若是杜老师直接告知，结果或许比云鹏原先的方案更好。但那样，云鹏自己就不会思考了，能力也无法提高，下次遇到问题还是需要寻求帮助。有时候，不给出建议反而能激发他人的思考，让他们自己找到答案。作为教练，我们要学会信任他人，相信他们有能力解决问题。

这次对话使云鹏学会了自我教练，在寻求他人建议前，会先自问自答一番。这种方法更能促使自己深入思考，增强自信。在请教他人之前，先自己迭代方案，然后实际测试其可行性，从实践中总结和学习。

约翰·惠特默在《高绩效教练》（原书第5版）中写道：“如果教练不能充分相信他的同伴，即对方的潜能和自我责任的价值，那么他就会认为自己需要拥有专业知识来胜任教练工作。……每次给出建议都会削弱被教练者的责任感。你的潜能发挥来源于最大限度地体现个性和独特性，而不是模仿别人心目中的某种最佳实践。”

8.2.3 职场中的积极冲突，带来建设性沟通

1. 虽是最佳搭档，也有冲突

作为搭档，云鹏和爱芬经常一起讲课、写作、做训练营，尽管我们是默契十足的合作伙伴，但长时间相处也会出现冲突，就像家里的锅碗瓢盆在一起难免会磕磕碰碰。因为我们彼此充分信任，虽然会发生冲突，但我们也知道如何处理合作中的冲突。

有一次，我们一起为一家企业培训“教练式沟通”课程，第一天结束后，我们在复盘时发生了冲突。我们将它称为积极的冲突。

冲突过后，我们决定运用课程中所教授的内容来化解这场冲突，从而理解冲突背后的需求。于是，我们一起运用了积极倾听和赋能反馈的方式。

积极倾听包括四个要素：情绪、资源、期待和价值观。

情绪指的是对方在这个过程中表现出的情绪；资源包括外部资源和内在资源，外部资源通常是金钱、物品，内在资源如信任基础、沟通能力等；期待是抱怨背后常常隐藏的愿望，如期待对方认可、接纳，期待做事情是正确的，期待彼此有共同的目标；价值观则是对方内心看重什么，彼此共同关注的是什么，以及这件事情背后的意义。

在沟通中，爱芬听到云鹏的四个要素分别如下。

情绪：烦躁、期待、担心；

资源：过去三年合作的信任基础、直接沟通的能力；

期待：希望实现更加紧密持久的合作关系；

价值观：尊重、友谊、真实、开放。

云鹏听到爱芬的四个要素分别如下。

情绪：困惑、生气、烦躁、期待；

资源：过去三年合作的信任基础，直接沟通的能力，开放的态度；

期待：渴望实现更加紧密持久的合作关系；

价值观：真实、友谊、爱、流动、开放。

在双方沟通逐渐明朗化的过程中，最终体现的是彼此的珍视和感动。

当我们运用积极倾听的方式，就能看清对方语言背后真实的需求和正向动机，让冲突成为增进信任的润滑剂。带着这样的心态，每次冲突反而成了建立信任的契机。

接下来，我们相互提供反馈。一种是赋能反馈，通常指具体赞美对方在某方面做得好的地方，赞美不能过于宽泛，而是赞美具体的行为，同时强调这个行为产生的积极影响。另一种是发展性反馈，指出对方需要在某方面加以改进的具体行为，以及这个行为所产生的影响，并提出期待的具体改进行为。

爱芬给云鹏的赋能反馈：你今天直接表达了几个担心，让我们的关系更加紧密，我欣赏你的真实和勇气。

爱芬给云鹏的发展性反馈：你对我在课堂上一会使用“倾听”一会使用“聆听”的做法提出质疑，让我感到困惑。如果下次你能明确表达你真正在意的是什么，就更好了。这样，我就不会自我评判了。

云鹏给爱芬的赋能反馈：你今天表达了对我们长久合作的意愿以及对信任的珍视，让我将注意力转向了我们关系中宝贵的方面，对未来长久合作更有信心。我欣赏你的开放、包容、真实以及无拘无束的感觉。

云鹏给爱芬的发展性反馈：当你坚决地想要把内容加入我们的课程时，我希望先观察再做决定。如果你能先询问我的感受，就更好了。这样，我就可以更早地进行直接沟通。

经过这次积极的冲突和真实的反馈，我们彼此之间的信任和开放程度得到了进一步加强。

2. 面对冲突，如何化解

当某公司的线上 21 天唤醒情商训练营结束时，班班的数据出现了一些问题，评奖弄错了。有些同学非常真实地表达了自己的不满。

我意识到，这是一个很好的学习机会，可以带领大家一起看到自己的模式，并学习运用非暴力沟通的方式来化解冲突。

首先，真诚和真实是最重要的。我们要先表达对大家的感谢，并感谢大家的认真投入与参与。数据弄错对每个人来说都是一次学习的机会。我们看到了大家敢于真实地表达，说出自己的需求，并提出自己的请求。就像在《非暴力沟通》中的四个步骤，面对冲突时：

第一步是**说出自己的观察**，即真实的情况，如大家提到分数的测评；

第二步是**表达自己的感受**。在这里最困难的是，表达感受时要用“我”来开头，如“我很沮丧”“我很无奈”“我有点生气”等。这里一定要注意的是，不要用“你”来开头，如“都是你弄错了，都是你怎么怎么样”。

第三步是**表达自己的需要**，如希望公平、公正和透明等。

第四步是**提出自己的请求**，请求越具体越好。例如，“如果你能再算一次就更好了，请你重新核算一下数据。”

其次，把冲突视为一次学习的机会。尤其是在团队中，如果能营造出开放包容的团队氛围，不害怕冲突，鼓励建设性冲突，其实更有利于团队建立信任关系和凝聚力。这个过程对个人也是一次非常好的学习机会。我们有机会看到自己深层次的模式和反应。

比如，这次班班就可以看到在面临冲突时，她的第一反应是什么。这会帮助她学会今后避免冲突的做事方式。

如果将这次冲突视为每个人的一次结营考试，我们都可以尝试向内看，看看那一刻我们的模式是什么，我们的想法、感受和行动。通过这个句式："每当……（想法），我就……（感受），我就会……（行动）"，找到自己的模式。这样可以更好地了解自己在遇到事情时的第一反应。

面对冲突，首先用非暴力沟通的方式表达情绪和需求，并提出请求，其次，觉察我们的第一反应是什么，不做反应性行动，而是暂停下来，看见自己的模式，明确自己真正想要达到的目标是什么，再做出适当的回应。

一切都是学习的过程。让我们带着学习的心态，开启未来的工作和生活。这不仅仅是结束，更是一个新的开始。

8.3　持续更新

8.3.1　幸福人生平衡轮

曾经有一段时间，哈佛大学的幸福课风靡全球，甚至中央电视台都跟进制作了一档名为"你幸福吗"的大规模街头调查节目。

当被问起："你幸福吗？"

你的脑海中可能会迅速地思考"什么是幸福？"

你可能不会觉得有钱就是幸福，事业成功就是幸福。对你来说，幸福可能是由多个维度的要素组成的。接下来的问题就是"我在每一个维度上的满意度有多少，哪个维度对我最重要"。

当思考幸福的维度时，你可以尝试使用一种教练工具——平衡轮。

平衡轮是一个流程性的教练工具，通过一个类似车轮形状的图形展开教练过程。这个“轮”通常有八根轮辐，将平衡轮划分为八个部分（关于平衡轮的介绍，请参考《教练式沟通：简单、高效、可复制的赋能方法》）。

例如，一个幸福的人生可以由以下八个部分组成：健康、家庭、财富、人际关系、事业、娱乐、成长、精神 / 社会（与他人相关的维度），如图 8-1 所示。

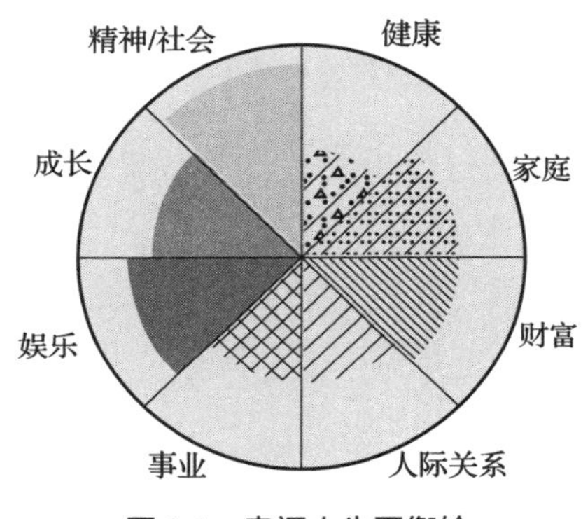

图 8-1　幸福人生平衡轮

你可以为每个维度的当前满意度打分，然后进行涂色。色彩的运用能刺激我们的视觉感知，我们在全局的角度来看待这些问题时，那些弱点和强项更为显眼。

这就像是为我们的人生拍摄一张快照，可能会捕捉到生活中某个不平衡的瞬间。这种直观的展示会让我们对当前状态有更深入的了解。例如，你可能过于专注于工作而忽略了家庭，这可能会导致与孩子的关系紧张，因此在家庭这个维度上你的分数可能偏低。

通常，我们都在平衡轮中寻求一种平衡，实际上，随着时间的推移，事物会发生变化，要实现完全的平衡是相当困难的。我们不能同时追求所有方面的完美，在生活的不同阶段，我们的焦点可能会有所不同，可能会在某些维度上出现阶段性的不平衡。然而，我们内心深处都渴望能够拥有一个圆满的人生。

下一步，你可以为每个维度设定未来期望的得分。

例如，如果家庭方面的分数是 3 分，你希望未来能达到 7 分，那么就需要在家庭方面投入更多的精力，对你的工作安排进行调整。

或者你决定全力以赴地发展事业，而保持家庭生活 3 分，那么你就需要预先考虑可能的影响，并做好相应的应对准备。

对不同的人来说，幸福生活的构成可能并非以上八个方面，而是其他不同的方面。关键在于，每一个方面对你来说都是重要的。

使用平衡轮审视自己的生活，可以帮助你更清晰地认识自己真正看重的是什么，审视当前的生活状态，以及在必须做出选择时，你真正不能舍弃的是什么。平衡轮并不意味着你必须满足所有的需求，实际上“完美”的幸福并不存在。清楚自己的选择，了解可能要付出的代价，以更大的视角看待决策，这就是平衡轮带给我们的启示。

8.3.2　活出更高版本的自己

1. 发现自己的心动瞬间

爱芬在进入企业培训中心之前，曾从事培训销售工作。当时，她看到老师们讲课受到学员的喜爱，散发着无法抵挡的魅力，这让爱芬感到心动不已。她心想，如果未来能像他们一样，该多么美好。于是，她抓住机会，进入企业培训中心，完成了从销售到讲师的转型。实际上，当你羡慕他人时，是因为你看到了自己想要成为的样子。你可以将其作为一个目标，勇敢地采取行动。

爱芬在转行成为讲师后，发现自己在心理学、情商和教练方面拥有一定的天赋，许多知识似乎毫不费力就能掌握。

实际上，每个人都拥有自己的独特优势。找到并发挥这些优势，就能带我们走向理想的生活。

你必须认识并接纳真实的自己，活出那个能让你心潮澎湃的状态，而不是羡慕他人。从教练的视角看，这就是活出自己的自我认知、身份和价值观。

随着年龄的增长，我们的自我在不断发展和迭代，就像是软件的版本更新一样，我们的心智模式在不断提升，智慧、宽容、通透、喜悦和幸福在不断增长。

每个人都有一个过去、一个现在，但未来的可能性却是无穷的。你可能会保持不变，甚至可能退步，但同时你也有机会活出更高版本的自己，不断进化。

只要你知道更高版本的自己是什么样的，清晰地描绘出来，你的能量就会被引导，向那个更高版本的自己靠近。

2. 基于价值观的自我形象

有一次，我们一起参加了一位日本老师的写作课，他建议，如果你想找到自己的热情所在，就去观察你嫉妒的是什么样的人。你肯定不会嫉妒与你毫无关联的人。比如，爱芬不会嫉妒一个亿万富翁，如果有人的写作能力出众，她就会感到嫉妒，会希望自己也能拥有那样的文采。你所嫉妒和羡慕的，正是你的潜能和价值观的反映。

每个人都在不断地迭代，不断地尝试活出更好的自我。你可以通过观察自己羡慕什么样的人，去发现自己心中的理想形象是什么，以及背后所蕴含的价值观是什么。

找寻更好版本的自己，或者说心理学里所说的“理想自我”，其实是有框架和方法的，一种很有效的方法就是使用教练工具“基于价值观的自我形象”。

“基于价值观的自我形象”是一个非常强大的教练工具。大致步骤如下。

（1）选定价值观。用三个描述价值观的词语描绘你理想中的自我形象，这就是你希望活出的样子。

（2）**回顾过去的体验。**选择一个品质，回想过去你展现过这个品质的情境。你羡慕别人所具备的特质，其实你自己也有。比如，你看到讲师在讲台上发光，其实你讲话的时候也是发光的，只是你可能没有意识到。调动记忆，回想那时你的姿态、眼神、动作、语言、内心感受是如何的，去充分地体验。

（3）**体验未来拥有这个品质的自我。**想象未来，你带着这个品质，漫步在一条平凡的道路上，观察自己的表情、眼神、走路的姿态、穿着以及内心的感受。此刻，你正在把过去的体验带到未来。

（4）**重复第三步，体验另外两个品质。**

（5）**品质融合。**未来的你，拥有第一个品质，正在道路上行走。这时，拥有第二个品质的你迎面走来，二者融为一体。接着，拥有第三个价值观的你走过来，与之前的自己融为一体。这个过程会帮助你把这些感觉深深地锚定在身体里。想象一下，未来拥有这三个品质的自己是什么样子的，穿着怎样的衣服，面露怎样的表情，身边有哪些人，那时的内心感受如何。比如，你可能会感到光明、温暖。此时，视觉、听觉和感觉等信息将纷纷涌现。

（6）**未来测试。**变换场景，将新的自我形象代入日常生活的各个场合，思考新的自我将如何应对和行动。

通过这个过程，你可以清楚地了解自己的理想形象，了解自己的价值观，以及自己如何行动才能达到这个理想形象。这就是为什么我们需要一个基于价值观的自我形象，因为它能够引导我们活出自己真正想要的生活。

3. 锚定自我形象的作用

在教练课堂上，爱芬曾作为客户演示了“基于价值观的自我形象”这一工具的使用，她期望能活出的价值观包括“爱、勇气和值得感”。

当教练引导她回忆：“在过去某个时刻，你展现出了勇气。”这使得爱芬回忆起她在小学时表现出勇气的一幕。这个回忆让她意识到，勇气一直存在于她内心深处，它在她的血液中流动。实际上，每个人都是行走的价值观，我们都在过去的某个时刻展现过自身的价值观。当你回忆起那个时刻，你就能意识到，你所渴望表现的价值观其实一直都存在于你的身体之中。

随后，爱芬开始回忆关于“爱”和“值得感”的时刻。当这些情绪记忆被唤醒后，这些价值观不再仅仅是文字，而是在你的身体里、血液中流动的实质感觉，你能真实地感受到它们。然后，爱芬开始将这三个价值观整合成一个新的形象。

完成这个过程后，爱芬感到非常激动。现在，当她再回顾这三个词语时，她能感觉到自己已经完全地活出了勇气、爱和值得感。当你展现出基于价值观的自我形象时，你就像呈现了自己的升级版，你可以将这个自我形象锚定下来，然后真实地活成这个自我。

当你将升级版的自我精简成几个核心价值观词语，并将其锚定在你的身体中时，你就像拥有了一个指南针或灯塔，它会引导你向前。有些人可能很快就能达成自己的目标，有些人可能需要更多的时间，可能是三年、五年，甚至十年、三十年，但你的方向是清晰的，你不会迷失或者感到困惑。

4. 对自己不满意时

实际上，每个人都会对自己有不满意的地方。

每个人都会经历高峰和低谷，你需要关注如何从低谷爬升以及如何创造高峰时刻。这样，你会更多地看到自己的能力、资源和优势，进而对自己更加满意。

首先，我们要接纳不完美的自己。接纳自己是改变的前提。如果你无法接纳自己，这个部分会越抗拒越持久，你就无法改变，因为你根本看不到真正的自己。一旦接纳，你将不再抗拒，你的能量才能真正用于改变。

其次，没有失败，只有反馈。我们需要不断复盘，当美好的事情发生时，我们会惊叹："哇，我是如何做到的？我是如何变得如此优秀的？我展现了哪些特质？"然后嘉许自己，提取成功经验。当做出不理想的选择时，我们询问自己："我为何在这件事情上表现得不好？发生了什么？我需要在哪些方面学习和成长？" 当我们从那些让自己不满意的事情中学到了教训后，我们会发现，原来这件事情发生的目的是给我们带来一个礼物。

我们也可以收集来自他人的反馈，然而，我们要保持内心的定力，不要因为别人的一次打击就觉得"我完了"，也不要因为别人的一次夸奖就得意忘形。在保持核心稳定的基础上，我们需要利用他人的反馈来提升自己。

如果你能做到以上几点，你就会发现："今天我又学到了新知识，我又成长了，我又向前迈进了一步，我离更高版本的自己更近了。" 长此以往，你会对自己越来越满意。

我们需要以成长型心态去看待每一件事，将其视为有意义的，从中学习，并考虑下一次如何做得更好。每天都在提升自己，我们才能逐步迭代自己的版本。

5. 用梦想清单实现高版本的自己

我们将自我形象与行动结合，通过制定年度梦想清单实现高版本的自己。

梦想清单必须是让你心动的，而这种心动背后反映的是你的价值观和你想要展现的状态。这可能是自在、充实、富裕、喜悦、成就感等。你需要描绘出：如果你真的达到这个状态，你会是什么样子？你和谁在一起，你有什么样的感觉？

我们会不断地从价值观上升到身份的描绘，然后才开始写下：如果想要展现出这个版本的自己，今年你必须做的几件事是什么？通常来讲，这将包含十个核心事项。这就是一个大概的流程：状态→基于价值观的自我形象 / 身份→十项核心清单。

当然，并不是说写下梦想清单就能 100% 实现它。如果没有实现，也不要对自己进行负面评价。有时你的梦想清单可能需要更长的时间才能实现。爱芬在几年前写下的梦想清单中，有一项是学会开车。过了三年她还是没有学会开车，甚至一度想放弃这个梦想。2022 年，爱芬终于学会了开车，现在已经可以自由开车出门。

梦想清单是一种向自己的潜意识发出的承诺，这是你给大脑的一个指示：所有与你的价值观和目标相关的信息都会被大脑接收，而与此无关的信息则会被过滤。当你知道自己想要什么时，资源就会自然地向你汇集。尼采说过："当你知道为什么而活，就可以解决一切怎样活的问题。"你内在的力量远远超过了外在的力量。

有两个强大的力量可以拉动你。一个是想象，你可以想象出一个让你心动的自己，并用视觉化的方式描绘出这个愿景，这将带给你动力。另一个是关注你何时会感到心动，这背后你在意的是什么？才华、优雅，还是富足、喜悦？这些都是你的价值观。因此，活出高版本自己的两个秘诀：一个是视觉描绘；另一个是感受内在的心动。

实际上，梦想清单背后就是基于价值观的自我形象，它包含了"存在"（being）、"行动"（doing）以及"拥有"（having）三个层面。

首先是"存在"层面。如果我想成为一个充满爱的人，我会先回顾过去哪些时刻是我充满爱的，此时此刻我就可以感受到爱的状态，然后我就可以带着这样的状态去行动。

然后是"行动"层面。当你带着这样的状态去行动时，你的能量就会发生改变，你的行动力也会不一样，结果自然就会与众不同。

最后是"拥有"层面。你最终会拥有你所期望拥有的东西。

8.3.3　此生为何而来

很多人在三十多岁的时候开始思考：人生的意义究竟是什么？

云鹏向他非常尊敬的李中莹老师请教这个问题，李老师建议她找到自己的使命，并告诉她："使命就像小狗，它会来找你，当它来的时候，你要好好照顾它，不要让它离开。"后来，在学习查理·佩勒林的 4D 领导力课程的过程中，云鹏开始写下自己的人生目标，从 1.0 版本一直升级到 4.0 版本，她发现自己的目标越写越清晰。

1. 人生意义无所谓大小

心理学家的研究表明，当我们找到生活的意义，特别是我们的行为可能使他人受益时，我们的深层次动机就会被激发，从而驱使我们去实现超越生物需求的行为。换言之，我们首先需要明确作为一个人的生命意义，以及我们此生想为他人和社会做出的贡献。

云鹏和爱芬都是 6 秒钟情商的认证讲师，其中一项重要的情商胜任力就是"追求超我目标"，这相当于我们所说的人生意义。超我目标有五个主要特点，可以作为我们确定人生意义的参考标准。

（1）**超越当下**：可能需要一辈子的时间去实现。

（2）**向外延伸**：它会实现我们的欲望，同时也会造福他人。

（3）**整合为一**：将我们生活中的不同领域整合为一个整体，包括工作、家庭、精神、社区、健康等。

（4）**激励行动**：即使在没有任何回报的情况下，也能驱使我们积极行动。

（5）**安全无害**：我们追求超我目标的实现不会对他人产生不良影响。

人生的意义不必过于宏大。有些人的人生目标就是“让身边的人生活得更美好”。你不必非得像乔布斯那样立志“改变世界”，完全可以在身边的小事中找到意义。

这里有一个印度广告《让世界变得更好》的例子：一棵大树被雷劈倒，本来就窄的路连黄包车也过不去了。看到这个情景，人们开始抱怨。赶飞机的心急如焚，要上班的打电话请假，恋人埋怨对方选错了路。然而，一个小男孩放下书包，开始奋力推那棵大树。他的力气很小，犹如蚂蚁撼树。但他的行动感动了在场的所有人，大家和他一起，最后成功地移开了那棵树。这个孩子虽然身小，但他“让世界变得更好”的行动激励了无数人。

2. 有意义的人生不困惑

尼采说过：**“一个人知道自己为什么而活，就可以忍受任何一种生活。”**在生活中，我们常常面临各种冲突的选择。如果我们不清楚自己最重要的追求是什么，就会在当下的困扰中迷失，或者总是试图证明“我是对的”，而不是去真正解决问题。在这些时刻，明确的人生意义就如同我们心中的指路明灯，即使在黑暗中也能为我们照亮前行的道路。

一旦明确了自己的人生目标和使命，你就能够释放真正的激情，并有能力去影响他人，成为一位真正的领导者。在面临冲突选择时，你也能够依据道德和良知做出正确的决定。

维克多・弗兰克尔（Viktor Frankl），是一位出生于奥地利的精神病学家，因为犹太血统，他在纳粹的集中营中度过了四年的光阴。虽然集中营的生存概率几乎是1：28，他能够生存下来，部分原因是他的运气，但更重要的是，他找到了生存的意义——把他在集中营的经历记录下来，使其变成一份对他人生命有价值的贡献。他将这个目标告诉其他囚犯，最终建立起一个小团体，常常讨论“活在这种恐惧和绝望中，什么会鼓舞你活下去”。每个人都找到了自己生存的关键目标，有的人希望用自己的医学知识帮助他人，有的人想要出版一本诗集，还有的人寄希望于战争结束后能与自己的女儿重逢，有的人则想要完成一部小说。战后，弗兰克尔创立了意义疗法 (Logotherapy)，成为西方心理治疗的重要流派之一。他的著作《活出生命的意义》已经帮助了无数人。

弗兰克尔认为，人生的意义并不是自己创造出来的，而是需要寻找和发掘的。人生的基本驱动力，就是这种寻求意义的意愿。

3. 如何找到人生意义

我们有一系列的教练工具和方法，可以帮助你去探寻你的人生意义。

（1）为自己举办一场追悼会。如同电影《非诚勿扰》中的李香山，预先给自己开一场“人生告别会”。

在这个假想的追悼会上，如果你变成了一只蜻蜓，你会看到谁站出来为你发表悼词？你希望他们会如何表述以下内容：

- 你是怎样的一个人？
- 你过的是什么样的一生？
- 你给周围的人留下了怎样的记忆？
- 你为周围的人带来了什么样的价值？
- 你如何让社会因你的存在而有所不同？

（2）拍摄一部关于自己的生平电影。请想象一下，你已经是耄耋之年，有人造访，说他们要拍摄一部关于你的生平电影，你是电影的总策划。你有机会回顾自己的一生，同时作为总策划，你需要思考以下几个问题：

- 这是一部怎样的电影？（文艺？科幻？恐怖？温馨？武侠？喜剧？悲情？）
- 电影的导演是谁？（张艺谋？李安？斯皮尔伯格？王家卫？）
- 谁将饰演你？
- 电影的高潮是什么？

- 这部电影的名字是什么？
- 你希望观众在看完电影后能有何感悟？

在描述人生意义的过程中，你可能需要尝试多次，迭代出最合适的版本。以下是一些示例，关于我们周围的人如何定义他们的使命。

云鹏的使命：支持自己和他人终身成长，持久改变，活出蓬勃、喜悦的人生。愿景：支持一百万领导者成为教练式领导者。

爱芬的使命愿景：支持一百万职场人士，从情绪绑架到情绪自由，实现喜悦平衡的人生。

李中莹老师的使命：像邮差一样传播好学问，帮助中国人实现成功、快乐、轻松、满足的人生。

朋友王勇的使命：希望提高自身修养，让自己的审美生活影响更多的身边人，让人们在提高物质水平的同时，加强精神文明建构，让社会更法制化，使世界上有更多的文明、和平、自由，更少的低俗愚昧。

当你找到了自己的人生意义，你就好像得到了一个内在的指南针，所有的能量都能找到释放的方向，你将不再迷茫和困惑。每当你从事与使命相关的活动时，你就会体验到一种神圣和崇高的感觉，每一天都将过得充实和满足。愿你的人生充满活力并灿烂绽放。

要点

1. 连接彼此：作为社会生物，我们追求归属感，从群体中寻找支持，并通过合作取得更大的成就。当我们试图理解他人时，需要站在更宽广的视角上，理解他们的成长背景和文化环境。

自我教练提问：

1）我愿意为哪种团队燃烧我的生命？

2）什么是对方想要而我也能让他们拥有的？

3）是什么样的环境和经历塑造了我？

2. 激励他人：人们可以相互激励，这种激励有时在他人的生命中发挥关键作用。相信每个人都是自己生命的专家，我们需要做的只是尊重他们，陪伴他们，帮助他们发现自己的力量和资源，支持他们找到自己的解决方案。

自我教练提问：

1）面对冲突时，我观察到了什么？我有何感受？我需要什么？我期待什么行为？

2）当我能够对自己表达欣赏和感激时，会有什么不同？

3）当我关注他人的优势而非劣势时，我对他人会产生什么样的影响？

3. 持续更新：幸福人生是一个动态平衡的过程，我们需要明白自己真正重视什么，然后将自己希望成为的理想形象作为指导，通过持续的更新和改进，让自己越来越好。人的深层次动力源于找到人生的意义，特别是当我们找到能够使他人受益的使命和目标时，我们就得到了内在的指南针。

自我教练提问：

1）如果我每天都比前一天进步一点，持续下去，我会发现一个怎样的自己？

2）如果钱不是问题，我最想在这一生中做的事情是什么？

3）如果用三个关键词来描述我希望成为的自己，那会是一个什么样的自己？

致谢

我们自出版了《教练式沟通：简单、高效、可复制的赋能方法》后，又用了三年的时间，一起写作了这本新书。跟随写书的过程，我们彼此都在成长。我们虽然现在不在一个单位工作，但每天都会互相看对方写的文章，每月为彼此做教练，也会找时间在一起办公。这本书不仅汇集了爱芬在情商和教练领域的个人成长收获，以及在支持她的教练客户过程中的收获，也汇集了云鹏在焦点解决和高管教练方面的智慧。爱芬感性，云鹏理性，爱芬注重情感流动，云鹏注重逻辑清晰，没有完美的个人，但两个风格各异的人却可以让这本书更完美。这是爱芬和云鹏合作的第二本书，相约要写一辈子的书，也期待在这个过程中，我们和读者一起见证我们的成长和智慧。

衷心感谢我们的客户、写作群的伙伴和教练伙伴，爱芬特别感谢先生大鹏和女儿朵朵对她的支持，云鹏特别感谢先生大宋和女儿小芳的支持。

参考文献

［1］沙利文，帕克. 大脑天性：创造高效心智的人生指南［M］. 韦思遥，译. 北京：机械工业出版社，2021.
［2］瑞迪，哈格曼. 运动改造大脑［M］. 浦溶，译. 杭州：浙江人民出版社，2014.
［3］洛尔，施瓦茨. 精力管理［M］. 高向文，译. 北京：中国青年出版社，2015.
［4］利特尔黑尔斯. 睡眠革命：如何让你的睡眠更高效［M］. 王敏，译. 北京：北京联合出版公司，2017.
［5］哈蒙德. 深度休息：在焦虑时代治愈自己的 10 个心理学方案［M］. 向鹏，译. 北京：中信出版集团，2020.
［6］亚蒙. 幸福脑：助你摆脱烦人的情绪和行为问题［M］. 谭洁清，译. 杭州：浙江人民出版社，2018.
［7］西格尔. 第七感：心理、大脑与人际关系的新观念［M］. 黄珏苹，王友富，译. 杭州：浙江人民出版社，2013.
［8］福格. 福格行为模型［M］. 徐毅，译. 天津：天津科学技术出版社，2021.
［9］戈尔曼. 情商［M］. 2 版. 杨春晓，译. 北京：中信出版社，2018.
［10］弗理德曼，罗伊特曼. 6 秒钟情商［M］. 周国庆，译. 北京：机械工业出版社，2018.
［11］布鲁克斯. 社会动物［M］. 余引，严冬冬，译. 北京：中信出版社，2012.
［12］西奥迪尼. 影响力（全新升级版）［M］. 闾佳，译. 北京：北京联合出版公司，2021.
［13］道伊奇. 重塑大脑，重塑人生［M］. 洪兰，译. 北京：机械工业出版社，2015.
［14］布兰. 教练的大脑：基于神经科学的思维训练［M］. 2 版. 龙红明，译. 北京：人民邮电出版社，2018.
［15］托利. 当下的力量（珍藏版）［M］. 曹植，译. 北京：中信出版社，2013.
［16］内夫. 自我关怀的力量［M］. 刘聪慧，译. 北京：中信出版集团，2017.
［17］麦吉沃恩. 精要主义［M］. 邵信芳，译. 杭州：浙江人民出版社，2016.

[18] 纽波特. 深度工作：如何有效使用每一点脑力 [M]. 宋伟，译. 南昌：江西人民出版社，2017.

[19] 本尼斯. 成为领导者（纪念版）[M]. 徐中，姜文波，译. 杭州：浙江人民出版社，2016.

[20] 刘澜. 领导力：解决挑战性难题 [M]. 北京：北京大学出版社，2018.

[21] 陈中. 复盘：对过去的事情做思维演练 [M]. 北京：机械工业出版社，2013.

[22] 阿特金森，切尔斯. 唤醒沉睡的天才 [M]. 古典，王岑卉，译. 北京：华夏出版社，2018.

[23] 施密特，罗森伯格，伊格尔. 成就：优秀管理者成就自己，卓越管理者成就他人 [M]. 葛仲君，译. 北京：中信出版集团，2020.

[24] 王潇. 五种时间：重建人生秩序 [M]. 北京：中信出版集团，2020.

[25] 陈爱芬. 与负面情绪握手言和 [M]. 北京：中国妇女出版社，2021.

[26] 程云鹏，陈爱芬. 教练式沟通：简单、高效、可复制的赋能方法 [M]. 北京：机械工业出版社，2020.

[27] 利伯曼. 社交天性：人类社交的三大驱动力 [M]. 贾拥民，译. 杭州：浙江人民出版社，2016.

[28] 惠特默. 高绩效教练（原书第 5 版）[M]. 徐中，姜瑞，佛影，译. 北京：机械工业出版社，2019.

[29] 麦克拉伦. 情绪的语言 [M]. 林琳，译. 北京：龙门书局，2012.

[30] 卢森堡. 非暴力沟通（修订版）[M]. 刘轶，译. 北京：华夏出版社，2021.

[31] 奥特纳. 轻疗愈 [M]. 美同，译. 北京：当代中国出版社，2014.

[32] 加尔韦. 身心合一的奇迹力量 [M]. 于娟娟，译. 北京：华夏出版社，2013.

[33] 佩勒林. 4D 卓越团队：美国宇航局的管理法则（全新修订版）[M]. 李雪柏，译. 北京：中华工商联合出版社，2014.

[34] 塞利格曼. 持续的幸福 [M]. 赵昱鲲，译. 杭州：浙江人民出版社，2012.

[35] 李中莹. 重塑心灵（2022 新版）[M]. 杭州：浙江教育出版公司，2022.

[36] 希思 C，希思 D. 行为设计学：零成本改变 [M]. 姜奕辉，译. 北京：中信出版集团，2018.

[37] 刘朝莹，刘嘉. 做守信的家长，培养自律的孩子 [M]. 北京：北京联合出版公司，2017.

[38] 脱不花. 沟通的方法 [M]. 北京：新星出版社，2021.

[39] 艾利克森，普尔. 刻意练习：如何从新手到大师 [M]. 王正林，译. 北京：机械工业出版社，2016.

[40] 平克. 时机管理[M]. 张琪，译. 杭州：浙江教育出版社，2018.
[41] 葛文德. 清单革命：如何持续、正确、安全地把事情做好[M]. 王佳艺，译. 杭州：浙江人民出版社，2012.
[42] 蒙洛迪诺. 情绪：影响正确决策的变量[M]. 董敏，陈晓颖，译. 北京：中译出版社，2022.
[43] 一行禅师. 正念的奇迹[M]. 邱丽君，译. 北京：中央编译出版社，2010.
[44] 亚蒙. 女性脑[M]. 黄珏苹，译. 杭州：浙江人民出版社，2018.
[45] 卡尼曼. 思考，快与慢[M]. 胡晓姣，李爱民，何梦莹，译. 北京：中信出版社，2012.
[46] 柯维. 高效能人士的七个习惯（30周年纪念版）[M]. 高新勇，王亦兵，葛雪蕾，译. 北京：中国青年出版社，2020.
[47] 扬. 如何想到又做到：带来持久改变的7种武器[M]. 闾佳，译. 杭州：浙江教育出版社，2018.
[48] 布朗. 归属感[M]. 邓樱，译. 北京：中信出版社，2019.
[49] 罗曼. 灵性成长[M]. 罗孝英，译. 台北：生命潜能，2008.
[50] 罗曼. 创造金钱[M]. 万源一，译. 天津：天津科学技术出版社，2009.

附录

教练的八项核心能力（2021 版）

国际教练联合会（ICF）在 2021 年发布了更新的教练核心能力模型，以下为能力的中英文对照版。资料来源：ICF 官网。

A. 基础

1. 展现道德规范（Demonstrates ethical practice）

【能力标准】

Definition: Understands and consistently applies coaching ethics and standards of coaching

定义：理解并持续应用教练道德准则和教练标准

1. Demonstrates personal integrity and honesty in interactions with clients, sponsors and relevant stakeholders

   在与客户、组织方和利益相关方的互动中表现出个人的正直和诚实

2. Is sensitive to clients' identity, environment, experiences, values and beliefs

   对客户的身份、环境、经历、价值观和信念敏感

3. Uses language appropriate and respectful to clients, sponsors and relevant stakeholders

   对客户、组织方和利益相关方使用适当的语言，表达尊重

4. Abides by the ICF Code of Ethics and upholds the Core Values

   遵守 ICF 道德准则，秉持核心价值观

5. Maintains confidentiality with client information per stakeholder agreements and pertinent laws
   依据利益相关方的协议和相关法律为客户保守秘密
6. Maintains the distinctions between coaching, consulting, psychotherapy and other support professions
   保持对教练、咨询、心理咨询和其他提供支持的职业之间的区别
7. Refers clients to other support professionals, as appropriate
   在合适的情况下，将客户推荐给其他提供支持的专业人士

2. 体现教练心态（Embodies a Coaching Mindset）

【能力标准】

Definition: Develops and maintains a mindset that is open, curious, flexible and client-centered

定义：培养并保持开放、好奇、灵活和以客户为中心的教练心态

1. Acknowledges that clients are responsible for their own choices
   告知客户要对自己的选择负责
2. Engages in ongoing learning and development as a coach
   作为教练，持续学习和保持发展的状态
3. Develops an ongoing reflective practice to enhance one's coaching
   保持持续反思的习惯以提升教练能力
4. Remains aware of and open to the influence of context and culture on self and others
   对环境和文化以及对自己和他人的影响，保持有意识和开放的态度
5. Uses awareness of self and one's intuition to benefit clients
   使用自我觉察和直觉来让客户受益
6. Develops and maintains the ability to regulate one's emotions
   培养并保持调节情绪的能力
7. Mentally and emotionally prepares for sessions
   思想上和情感上都为约谈做好准备

8. Seeks help from outside sources when necessary
   必要时，向外部资源寻求帮助

B. 与客户共建教练关系

3. 建立和维护教练协议（Establishes and Maintains Agreements）

【能力标准】

Definition: Partners with the client and relevant stakeholders to create clear agreements about the coaching relationship, process, plans and goals. Establishes agreements for the overall coaching engagement as well as those for each coaching session

定义：与客户和利益相关方合作建立清晰的关于教练关系、流程、计划和目标的教练协议。在长期教练陪伴和每次教练约谈时，都建立好教练协议。

1. Explains what coaching is and is not and describes the process to the client and relevant stakeholders
   解释教练是什么，不是什么，为客户和利益相关方描述教练流程
2. Reaches agreement about what is and is not appropriate in the relationship, what is and is not being offered, and the responsibilities of the client and relevant stakeholders
   就以下内容达成一致：教练关系中什么是合适的，什么是不合适的，会提供什么，不会提供什么，客户和利益相关方的责任是什么
3. Reaches agreement about the guidelines and specific parameters of the coaching relationship such as logistics, fees, scheduling, duration, termination, confidentiality and inclusion of others
   就教练关系的指导原则和具体因素达成一致，如后勤、费用、时

间安排、时长、终止、保密和是否有他人参与

4. Partners with the client and relevant stakeholders to establish an overall coaching plan and goals
   与客户和利益相关方合作建立完整的教练计划和目标
5. Partners with the client to determine client-coach compatibility
   与客户合作确定客户－教练的匹配度
6. Partners with the client to identify or reconfirm what they want to accomplish in the session
   与客户合作确定和再次确认他们想在约谈中完成什么目标
7. Partners with the client to define what the client believes they need to address or resolve to achieve what they want to accomplish in the session
   与客户合作确定客户认为他们需要在约谈中解决什么问题，以实现他们想在本次约谈中达成的目标
8. Partners with the client to define or reconfirm measures of success for what the client wants to accomplish in the coaching engagement or individual session
   与客户合作在长期教练陪伴或者每次教练约谈中对客户希望实现的目标，确定或者再次确认成功的衡量标准
9. Partners with the client to manage the time and focus of the session
   与客户共同管理约谈的时间和约谈的重点
10. Continues coaching in the direction of the client's desired outcome unless the client indicates otherwise
    持续朝着客户期望的结果方向进行教练，除非客户表示有其他想法
11. Partners with the client to end the coaching relationship in a way that honors the experience
    与客户合作以一种尊重这次经历的方式结束教练关系

4. 建立信任和安全感（Cultivates Trust and Safety）

【能力标准】

Definition: Partners with the client to create a safe, supportive environment that allows the client to share freely. Maintains a relationship of mutual respect and trust

定义：与客户合作创造安全的、支持的环境，允许客户自由分享。保持相互尊重和信任的关系

1. Seeks to understand the client within their context which may include their identity, environment, experiences, values and beliefs
   了解客户的背景，包括客户的身份、环境、经历、价值观和信念
2. Demonstrates respect for the client's identity, perceptions, style and language and adapts one's coaching to the client
   展现对客户身份、观点、风格和语言的尊重，并用适应客户的方式进行教练
3. Acknowledges and respects the client's unique talents, insights and work in the coaching process
   认可并尊重客户在教练过程中独特的才能、洞见和努力
4. Shows support, empathy and concern for the client
   对客户表达支持、同理心和关心
5. Acknowledges and supports the client's expression of feelings, perceptions, concerns, beliefs and suggestions
   认可和支持客户表达自己的感受、观点、担心、信念和建议
6. Demonstrates openness and transparency as a way to display vulnerability and build trust with the clients
   通过开放和透明展现自己的脆弱并与客户建立信任

5. 保持教练状态（Maintains Presence）

【能力标准】

Definition: Is fully conscious and present with the client, employing a style that is open, flexible, grounded and confident

定义：全然有意识并与客户在一起，展现一种开放、灵活、脚踏实地和自信的教练风格

1. Remains focused, observant, empathetic and responsive to the client
   保持对客户的专注、敏锐的观察、同理心和回应
2. Demonstrates curiosity during the coaching process
   在教练过程中展现好奇心
3. Manages one's emotions to stay present with the client
   管理自己的情绪，与客户同在
4. Demonstrates confidence in working with strong client emotions during the coaching process
   对于处理教练过程中强烈的客户情绪表现出信心
5. Is comfortable working in a space of not knowing
   能够舒适地在未知的空间中工作
6. Creates or allows space for silence, pause or reflection
   创造或允许沉默、暂停或反思的空间

C. 建立有效沟通

6. 积极聆听（Listens Actively）

【能力标准】

Definition: Focuses on what the client is and is not saying to fully understand what is being communicated in the context of the client systems and to support client self-expression

定义：关注客户在说什么，没有说什么，以充分理解客户在其所处系统的背景下沟通的是什么，支持客户的自我表达

1. Considers the client's context, identity, environment, experiences, values and beliefs to enhance understanding of what the client is communicating

考虑客户的背景、身份、环境、经历、价值观和信念，以此加深对客户正在沟通的事情的理解

2. Reflects or summarizes what the client communicated to ensure clarity and understanding
反思或总结客户沟通了什么来确保清晰和理解
3. Recognizes and inquires when there is more to what the client is communicating
识别到客户沟通的内容背后还有更多的内容，并进行询问
4. Notices, acknowledges and explores the client's emotions, energy shifts, non-verbal cues or other behaviors
注意、承认和探索客户的情绪、能量的转变、非语言暗示或者其他行为
5. Integrates the client's words, tone of voice and body language to determine the full meaning of what is being communicated
整合客户的用词、语调和身体语言，从而理解沟通内容的全部意义
6. Notices trends in the client's behavior and emotions across sessions to discern themes and patterns
注意客户在约谈中的行为和情绪的动向，以此识别主题和模式

7. 唤起觉察（Evokes Awareness）

【能力标准】

Definition: Facilitates client insight and learning by using tools and techniques such as powerful questioning, silence, metaphor or analogy

定义：通过使用强有力发问、沉默、隐喻或类比等工具和技巧，引发客户的洞见和学习

1. Considers client experience when deciding what might be most useful
在决定什么是最有效的方式时，考虑客户的体验

2. Challenges the client as a way to evoke awareness or insight
   通过挑战客户引发客户的觉察或洞见
3. Asks questions about the client, such as their way of thinking, values, needs, wants and beliefs
   针对客户的思考方式、价值观、需求、期望和信念提出问题
4. Asks questions that help the client explore beyond current thinking
   提出能够帮助客户探索超越当前思维的问题
5. Invites the client to share more about their experience in the moment
   邀请客户分享更多当下的体验
6. Notices what is working to enhance client progress
   留意可以推动客户进步的有效方式
7. Adjusts the coaching approach in response to the client's needs
   基于客户需求调整教练方式
8. Helps the client identify factors that influence current and future patterns of behavior, thinking or emotion
   帮助客户识别影响现在和未来的行为模式、思考模式和情绪模式的因素
9. Invites the client to generate ideas about how they can move forward and what they are willing or able to do
   邀请客户思考他们如何向前推进，以及他们愿意、能够做什么
10. Supports the client in reframing perspectives
    支持客户重塑他们的观点
11. Shares observations, insights and feelings, without attachment, that have the potential to create new learning for the client
    不带额外附加条件地分享可能为客户创造新的学习观察、洞见和感受

D. 促成学习和成长

8. 促进客户成长（Facilitates Client Growth）

【能力标准】

Definition: Partners with the client to transform learning and insight into action. Promotes client autonomy in the coaching process

定义：与客户合作将学习和洞见转化为行动。在教练过程中提升客户的自主性

1. Works with the client to integrate new awareness, insight or learning into their worldview and behaviors
   与客户一起工作，将新的觉察、洞见或学习整合进他们的世界观和行为中
2. Partners with the client to design goals, actions and accountability measures that integrate and expand new learning
   与客户合作设计目标、行动和问责措施，以此整合和扩展新的学习
3. Acknowledges and supports client autonomy in the design of goals, actions and methods of accountability
   认可和支持客户在设计目标、行动和问责方法时的自主性
4. Supports the client in identifying potential results or learning from identified action steps
   支持客户明确可能获得的结果，或者从确认的行动计划中的学习
5. Invites the client to consider how to move forward, including resources, support and potential barriers
   邀请客户考虑如何向前推进，包括资源、支持和潜在障碍

6. Partners with the client to summarize learning and insight within or between sessions
   在约谈中或在约谈之间，与客户合作总结学习和洞见
7. Celebrates the client's progress and successes
   庆祝客户的进步和成功
8. Partners with the client to close the session
   与客户一起结束约谈